“十二五”国家重点图书出版规划项目
水产养殖新技术推广指导用书

中　国　水　产　学　会
全国水产技术推广总站　组织编写

鲻鱼高效生态

ZIYU GAOXIAO SHENGTAI

养殖新技术

YANGZHI XIN JISHU

李加儿　区又君　江世贵　麦贤杰　张建生　编著

海洋出版社
2015年·北京

图书在版编目（CIP）数据

鳐鱼高效生态养殖新技术／李加儿等编著. —北京：海洋出版社，2015. 3

（水产养殖新技术推广指导用书）

ISBN 978 -7 -5027 -9089 -9

Ⅰ. ①鳐… Ⅱ. ①李… Ⅲ. ①鳐科－鱼类养殖 Ⅳ. ①S965. 221

中国版本图书馆 CIP 数据核字（2015）第 034340 号

责任编辑： 杨 明

责任印制： 赵麟苏

海洋出版社 **出版发行**

http://www. oceanpress. com. cn

北京市海淀区大慧寺路 8 号 邮编：100081

北京旺都印务有限公司印刷 新华书店北京发行所经销

2015 年 3 月第 1 版 2015 年 3 月第 1 次印刷

开本：880mm×1230mm 1/32 印张：7. 125

字数：192 千字 定价：22. 00 元

发行部：62132549 邮购部：68038093 总编室：62114335

1. 抽取海水
2. 亲鱼池
3. 蓄水池
4. 水管
5. 亲鱼运输
6. 直流电充气机
7. 吸（挖）卵器

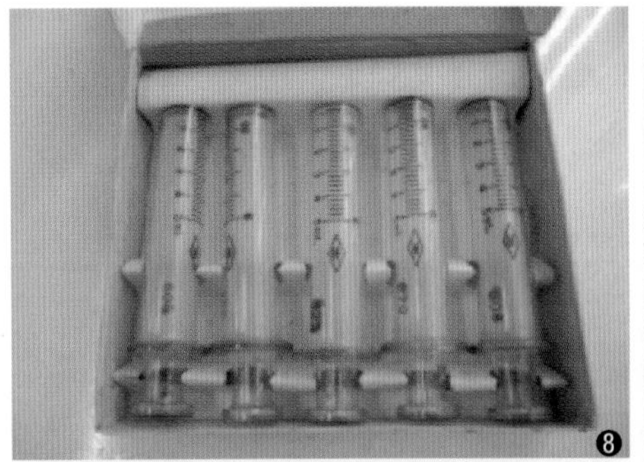

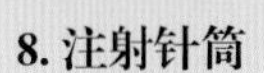

8. 注射针筒
9. 液氮罐
10. 藻类培养
11. 紫外线消毒器
12. 集卵
13. 充气机
14. 潜水泵

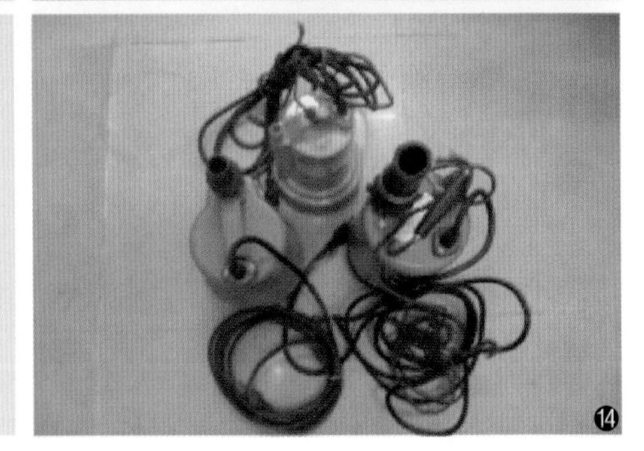

15. 散气石
16. 调气阀
17. 排污虹吸器
18. 网具
19. 排水隔网
20. 网片
21. 氧气

22. 海水过滤袋
23. 集苗网箱
24. 卤虫孵化
25. 池塘闸门
26. 锅炉
27. 配制饲料
28. 冰柜

29. 观察仔鱼生长
30. 捕获鱼苗
31. 池底改良剂
32. 池塘工作小艇
33. 暂养网笼
34. 冰块
35. 商品鱼

《水产养殖新技术推广指导用书》
编委会

丛 书 序

我国的水产养殖自改革开放至今，高速发展成为世界第一养殖大国和大农业经济中的重要增长点，产业成效享誉世界。进入21世纪以来，我国的水产养殖继续保持着强劲的发展态势，为繁荣农村经济、扩大就业岗位、提高生活质量和国民健康水平作出了突出贡献，也为海、淡水渔业种质资源的可持续利用和保障“粮食安全”发挥了重要作用。

近30年来，随着我国水产养殖理论与技术的飞速发展，为养殖产业的进步提供了有力的支撑，尤其表现在应用技术处于国际先进水平，部分池塘、内湾和浅海养殖已达国际领先地位。但是，对照水产养殖业迅速发展的另一面，由于养殖面积无序扩大，养殖密度任意增高，带来了种质退化、病害流行、水域污染和养殖效益下降、产品质量安全等一系列令人堪忧的新问题，加之近年来不断从国际水产品贸易市场上传来技术壁垒的冲击，而使我国水产养殖业的持续发展面临空前挑战。

新世纪是将我国传统渔业推向一个全新发展的时期。当前，无论从保障食品与生态安全、节能减排、转变经济增长方式考虑，还是从构建现代渔业、建设社会主义新农村的长远目标出发，都对渔业科技进步和产业的可持续发展提出了更新、更高的要求。

渔业科技图书的出版，承载着新世纪的使命和时代责任，客观上要求科技读物成为面向全社会，普及新知识、努力提高渔民文化素养、推动产业高速持续发展的一支有生力量，也将成为渔业科技成果入户和展现渔业科技为社会不断输送新理念、新技术的重要工具，对基层水产技术推广体系建设、科技型渔民培训和产业的转型提升都将产生重要影响。

中国水产学会和海洋出版社长期致力于渔业科技成果的普及推广。目前在农业部渔业局和全国水产技术推广总站的大力支持下，近期出版了一批《水产养殖系列丛书》，受到广大养殖业者和社会各界的普遍欢迎，连续收到许多渔民朋友热情洋溢的来信和建议，为今后渔业科普读物的扩大出版发行积累了丰富经验。为了落实国家“科技兴渔”的战略方针、促进及时转化科技成果、普及养殖致富实用技术，全国水产技术推广总站、中国水产学会与海洋出版社紧密合作，共同邀请全国水产领域的院士、知名水产专家和生产一线具有丰富实践经验的技术人员，首先对行业发展方向和读者需求进行广泛调研，然后在相关科研院所和各省（市）水产技术推广部门的密切配合下，组织各专题的产学研精英共同策划、合作撰写、精心出版了这套《水产养殖新技术推广指导用书》。

本丛书具有以下特点：

(1) 注重新技术，突出实用性。本丛书均由产学研有关专家组成的“三结合”编写小组集体撰写完成，在保证成书的科学性、专业性和趣味性的基础上，重点推介一线养殖业者最为关心的陆基工厂化养殖和海基生态养殖新技术。

(2) 革新成书形式和内容，图说和实例设计新颖。本丛书精心设计了图说的形式，并辅以大量生产操作实例，方便渔民朋友阅读和理解，加快对新技术、新成果的消化与吸收。

(3) 既重视时效性，又具有前瞻性。本丛书立足解决当前实际问题的同时，还着力推介资源节约、环境友好、质量安全、优质高效型渔业的理念和创建方法，以促进产业增长方式的根本转变，确保我国优质高效水产养殖业的可持续发展。

书中精选的养殖品种，绝大多数属于我国当前的主养品种，也有部分深受养殖业者和市场青睐的特色品种。推介的养殖技术与模式均为国家渔业部门主推的新技术和新模式。全书内容新颖、重点突出，较为全面地展示了养殖品种的特点、市场开发潜力、生物学与生态学知识、主体养殖模式，以及集约化与生态养殖理念指导下的苗种繁育技术、商品鱼养成技术、水质调控技术、营养和投饲技术、病害防控技术等，还介绍了养殖品种的捕捞、运输、上市以及在健康养殖、无公害养殖、理性消费思路指导下的有关科技知识。

本丛书的出版，可供水产技术推广、渔民技能培训、职业技能鉴定、渔业科技入户使用，也可以作为大、中专院校师生养殖实习的参考用书。

衷心祝贺丛书的隆重出版，盼望它能够成长为广大渔民掌握科技知识、增收致富的好帮手，成为广大热爱水产养殖人士的良师益友。

中国工程院院士

前　言

鲻鱼具有优良的生物学特性，养殖经济效益好，从上世纪80年代以来，鲻鱼养殖业者都能获得较高的经济效益，养殖的商品鱼除了供应国内市场外，还出口港澳地区，每年都能获得较高的利润。由成熟鲻鱼卵巢制成的“乌鱼子”在国外更被视为营养丰富的高档食品，其经济价值颇为可观。由于鲻鱼具有粗生、杂食、快长、病少和营养价值高的特点，早已成为海水、咸淡水或淡水鱼类养殖中一个重要品种，受到世界各地的重视，联合国粮农组织（FAO）已经把其列为世界推广养殖的海水鱼类品种之一。

当前，我国正在进行农业和农村产业结构的战略性调整，各地正在认真组织实施“种子工程”，以优质为突破口，良种产业化经营为主攻目标，建立良种引进、研究、选育、示范推广体系，实行繁育、培育和推广一体化，通过良种良法，提高渔业生产中的技术含量。我国从明代起就已开始养殖鲻鱼，当今，鲻鱼是深受欢迎的养殖品种，可供养鲻的区域广阔，生产潜力巨大。因此，开发鲻鱼的高效生态养殖新技术，符合国家产业政策和行业发展规划，在渔业生产上将会发挥重要作用，同时，也有利于保护鲻鱼的种质资源。

从发展趋势来看，随着全球环境和气候问题的日益突出，发展低碳经济已经成为人类应对当前日益严重的气候变化的战略选择。鲻鱼食物链短，与肉食性鱼类相比，具有更强的生物碳汇功能。因此，推广鲻鱼养殖，符合发展蓝色低碳经济的大势。

本书共分为八章，在总结国内外对鲻鱼养殖的研究和生产实践资料的基础上，按养殖过程的顺序，系统地介绍了鲻鱼的生物学特性、人工繁殖和育苗、养殖水质调控技术、营养和饲料、健康养殖技术和养殖模式、病害防控、捕捞、运输、上市及综合利用等内容。全书内容翔实，图文并茂，深入浅出，通俗易懂，理

论联系实际，与生产紧密结合，科学性、技术性、可操作性强，符合水产养殖业一线需求。适合水产养殖科技人员、基层养殖人员、基层水产技术推广人员使用，也可供各级水产行政主管部门的科技人员、管理干部和有关水产院校师生阅读参考。本书的作者长期从事鲻鱼和其他海水鱼类人工养殖的技术研究和推广工作，积累了丰富的实践经验，编著的内容大部分来自作者的研究成果以及生产、管理实践经验，部分内容引用已发表的论著。限于编著者的学识水平，书中的错漏和不妥之处在所难免，敬请广大读者批评指正。

作　者

2014 年 10 月于广州

目　录

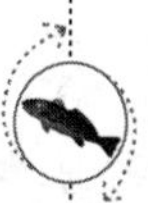

第一章　鲻鱼的生物学特性

内容提要：概述；鲻鱼的形态特征；鲻鱼的生物学。

第一节　概　述

一、鲻鱼的养殖历史

鲻科鱼类在全世界分布极广，遍及热带和亚热带水域。鲻鱼（图1-1）是该科中分布最广泛的一个种类，它具有适盐性广、生长快速、食性杂而且食物链短、疾病少、养殖方便、易于推广、养殖生产成本低以及肉味好等优点，因而成为世界著名的养殖鱼类。由于鲻鱼养殖具有很大的潜力且前景广阔，因此越来越受到众多国家和地区的高度重视。目前，鲻鱼养殖已成为国际上广泛开展的研究课题，养鲻业已成为世界上一种专门行业。

图1-1　鲻鱼（*Mugil cephalus*）

鲻鱼的养殖产地主要分布在印度—太平洋区域、地中海和黑海沿岸国家，其中以东南亚国家和我国大陆南部各省区及台湾省的鲻鱼养殖规模最大。

我国鲻鱼养殖始于何时，已难考证。明代黄省曾所著的《鱼经》，是至今为止发现的我国鲻鱼养殖的最早记载，该书约刊于1573—1618年间。《鱼经》记载："松之人于潮泥地凿池。仲春潮水中捕盈寸者养之。秋而盈尺。腹背皆腴。为池鱼之最。是食泥。与百药无忌。"松，就是松江县，现属上海市。松江人在潮泥地挖掘池塘，仲春在潮水中捕捞体长约3厘米的鱼苗放养，到了秋天，鱼苗可长到30余厘米，而且养得很肥。池养鱼中以鲻鱼为最。鲻摄食"油泥"（即底栖硅藻），服药时对吃鲻鱼不必禁忌。

在《鱼经》一书刊行不久，明代胡世安撰写的《异鱼赞闰集》相继问世。该书约刊行于1628—1644年间。书云："流水，如水中花，喘喘而至。视之几不辨，乃鱼苗也。谚云：'正乌二鲈。'正月收而放之池，皆为鲻鱼。过2月则鲈鱼半之。鲈食鱼，蓄鱼者呼为鱼虎。故多于正月收种。其细似海虾，如故苗，植之而大。流鱼正苗时也。"由此可见，当时人们对养殖鲻鱼已经积累了经验，能够辨别鲻鱼和鲈鱼出现月份上的差异，并认识到鲈鱼和鲻鱼不能同时混养，鲈鱼是鲻鱼养殖的敌害。"正乌二鲈"科学地概括了当时的养殖者利用鱼苗生产的经验。这句谚语世代相传，时至今日，我国南方沿海渔民还在流传，且有所发展。在福建省沿海渔民中就有"正月出鸟，2月出鲈，3月出尖头，4月出加剥"之说。"鸟"为鲻鱼。"尖头"是广东、福建的地方名，即棱鮻（*Liza carinatus*），又名棱鲻（*Mugil carinatus*），是南方鱼塭鱼类养殖的主要品种。而"加剥"则可能是硬头骨鲻（*Osteomugil stromngycephalus*），又名英氏鲻（*Mugil engeli*）。

这之后还有不少著作和地方志都有记载鲻鱼养殖的情况。广东省海丰、汕头、湛江等地的鱼塭养殖有二三百年的历史，到清代末年已比较发达。例如，光绪三年，潮州总兵方耀即围建鱼塭410多公顷；1949年汕头地区（含海丰、陆丰）记载有鱼塭养殖面积

4 326 公顷。进入鱼塭的鱼、虾、蟹有几十种之多，其中主要养殖鱼类就是鲻科和鲷科。

二、鲻鱼养殖概况及研究进展

鲻科鱼类，主要养于印度洋—太平洋、地中海和黑海沿岸各国。除了我国之外，在埃及和意大利也有比较长的鲻鱼养殖历史。全世界养殖和试养的种类近 20 种。其中以鲻鱼最为普遍，其次有梭鱼、大鳞鲻（*Mugil macrolepis*）、大头鲻（*M. capito*）、尖鼻鲻（*M. saliens*）、金鲻（*M. auratus*）、太特鲻（*M. tade*）等。主要养殖方式为咸淡水或海水大面积粗养，如我国的港塭、盐田养殖；意大利的“瓦利”养殖；原苏联地区的“里曼”养殖；印度次大陆的“布赫利斯”养殖以及东南亚的咸淡水池塘养殖等。这类养殖的特点是水面大，浅水域多，盐度多变，鱼种混杂，不投饵施肥，单位产量低，但管理上省工省钱，总产量大，年收益多，是深受沿海人民群众欢迎的一种养殖方式。

在我国台湾省，每年冬至前后 10 天左右是台湾西南沿海地区捕捞鲻鱼的季节，大批鲻鱼在此海区进行产卵洄游，渔民所捕获的鲻鱼除鱼肉作为食品外，将其卵巢加工制成的“乌鱼子”成为名贵的食品，销往日本，被誉为日本的三大海珍品之一。

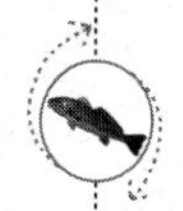

随着科学的发展，传统依靠天然纳苗获得鱼苗的养殖方式由于受台风等气候的影响，人为控制能力差，已不能适应渔业生产发展的需要。

自 20 世纪 90 年代以来，日本、东南亚诸国和我国大陆东南沿海及台湾等省区随着鲻鱼人工繁殖技术的重大突破，鲻鱼养殖逐渐从港塭粗养走向池塘半精养和精养。广东和福建沿海地区是我国大陆池塘养殖鲻鱼的主要产区，1997 年珠江三角洲沿岸池塘养殖鲻鱼的面积达 6 800 公顷，其中东莞市 100 公顷，鲻鱼平均单产量为 2. 25 吨/公顷，东莞市单养池 20. 5 公顷，最高单产 12. 5 吨/公顷。台湾省自从 1987 年天然鲻鱼捕获量锐减以来，养殖鲻鱼逐渐成为当地乌鱼子市场的主流，1988 年养殖面积为 405 公顷，至

1992 年发展到 1 132 公顷的高峰，到 1997 年养殖面积约有 600 公顷，其中单产者约有 240 公顷，混养者有 360 公顷，年产量 5 000 吨，已远远超过海洋捕捞的鲻鱼数量。

解决苗种问题是发展鲻鱼养殖的第一要素。近 80 年来，各国科学工作者一直致力于鲻鱼人工繁殖研究和技术开发。早在 1930 年，意大利学者就把类似于鳟鱼的人工繁殖方法应用于鲻鱼繁殖，成功进行了第一次人工产卵。近几十年来，随着世界各国工业的发展，受工业污染和渔业捕捞强度增加等因素的影响，鲻鱼天然鱼苗资源有逐年减少的趋势。因而鲻鱼人工繁殖的研究逐渐引起各国学者的重视。从 20 世纪 50 年代起，中国、美国、原苏联、日本、以色列以及印度等国家和地区，都在积极实施鲻鱼繁育的研究计划。

1959—1960 年广东省水产研究所（现为南海水产研究所）费鸿年教授等人进行鲻鱼生物学和繁育技术研究，在海南岛获得大鳞鲻人工授精孵化成功，孵化后仔鱼培育到 19 天。1960—1961 年中国科学院海洋研究所获得大鳞鲻育苗成功。1959 年福建省水产研究所和厦门大学等单位获得棱鲻人工孵化育苗成功。他们在 1961 年获得鲻鱼人工授精和孵化成功，并将仔鱼培育了数天。这些研究工作最终因种种原因而中断。

直到 20 世纪 80 年代才继续鲻鱼人工繁殖研究，除了福建省水产研究所继续此研究外，还有南海水产研究所、江苏省淡水水产研究所、东海水产研究所、广东省饶平县、江苏省启东县等单位相继开展此项研究。90 年代南海水产研究所和福建省水产研究所鲻鱼人工繁殖及育苗取得成功，并达到规模化生产水平。南海水产研究所于 2000 年在大亚湾首次进行鲻鱼人工繁殖幼鱼的放流。

台湾省自 1963 年起也开展了鲻鱼人工繁殖的研究，1968—1969 年育苗首次获得成功，到 1971—1972 年基本突破育苗生产关。

美国夏威夷海洋研究所从 20 世纪 70 年代初开始实施鲻鱼人工繁殖研究计划，采用脑垂体和各种激素处理方式诱导鲻鱼产卵获得育苗成功。并在繁殖生理生态学、能量代谢、养殖技术等方面开展了许多试验，为完善鲻鱼育苗技术提供参考依据。

三、鲻鱼的养殖前景

鲻鱼作为较早被开发的养殖品种，形成了独特的养殖优势。该鱼属植物性杂食鱼类，处于食物链的下层，蛋白质转化效率高，主要以腐殖质、沉积的有机碎屑、附生藻类及小型动物为食。在养虾池塘中混养鲻鱼，鱼、虾两者在食性上矛盾不大，鲻鱼在池塘中可以充分地摄食水中的浮游生物和其他水生动物的残饵，改善水质，起到“清道夫”的作用。鲻鱼性活泼，游速快，可加快上下层池水的交换，使空气中的氧气更多更快地溶解到池水当中。鲻鱼与对虾的合理混养，不仅不会影响到对虾的单位产量，而且每公顷水体还可多生产几百千克鲻鱼。

鲻鱼具有生长快、抗病力强、生产成本低等优点，肉质鲜美度胜过淡水家鱼，因此早被人们移养到淡水池塘、水库或河涌等水域。珠江口沿岸淡水鱼塘和半咸淡水鱼塘，几乎都混养鲻鱼。咸淡水鱼塘，以鲻鱼养殖为主，配养其他鱼类。淡水鱼塘则以家鱼为主，混养鲻鱼。一般年初放养的鱼苗，当年即可长到400～500克/尾，鲻鱼单养产量可达2.25～4.50吨/公顷，最高可达7.5吨/公顷。鲻鱼价格在市场上比淡水家鱼高出几倍，尤其在香港和澳门市场的售价更高，深受消费者欢迎。因此，鲻鱼的养殖完全符合养殖低成本、绿色环保和可持续发展的现代养殖理念，而且经济效益十分可观。

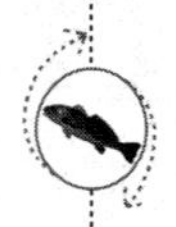

鲻鱼是海洋鱼类优质种质资源，在我国分布广泛，适宜养殖地区广阔。沿海地区均把它视为优质养殖对象。另外，我国内陆有众多水面也可用来养殖或混养鲻鱼。鲻鱼养殖的生产潜力非常之大。在养殖技术上，可运用淡水养鱼“八字精养法”，即水（水深水活）、种（良种健壮）、饵（饵肥充足）、密（合理密养）、混（多种混养）、轮（轮捕轮放）、防（防除病害）、管（精心管理）。总之，在我国开展具有明显环保意义的鲻科鱼类品种的

开发利用，保护鲻鱼种质资源，完全符合我国对养殖品种进行结构调整、促进养殖产业可持续发展的迫切需求，其开发利用前景十分广阔。

第二节　鲻鱼的形态特征

鲻鱼属鲻形目（Mugiliforms）、鲻亚目（Mugiloidei）、鲻科（Mugilidae）、鲻属（*Mugil*）。鲻科共 11 属 70 种，我国有 7 属 13 种。

鲻亚目只鲻科 1 科。其体延长，微侧扁。头中大，常宽而平扁。眼侧上位，脂眼睑发达或不发达。口小，前位或近下位。前颌骨能伸出。上颌骨常隐于前颌骨和眶前骨之下。颌齿细小或无齿。鳞中大，头部被圆鳞，体部被弱栉鳞，鳍上常被小圆鳞。无侧线。体被上侧常有不开孔的纵行小管。鳃盖膜不与颊部相连。具假鳃。鳃盖条 5。鳃耙细长而密列。背鳍 2 个，相距颇远，第一背鳍 4 鳍棘，第二背鳍 1 鳍棘 7 ~ 10 鳍条。臀鳍 3 鳍棘 8 ~ 10 鳍条。胸鳍位高。腹鳍位于胸鳍末端的下方，1 鳍棘 5 鳍条。尾鳍叉形、凹形或截形。

鲻属现知有 15 种以上，我国只有鲻（*Mugil cephalus* Linnaeus）1 种。该属鱼类体延长，前部亚圆筒形，后部侧扁，被圆鳞或若栉鳞。口小而平横，上颌中央有一缺刻，下颌边缘锐利，中央有一突起。上颌骨全被眶前骨遮盖。颌齿细小，绒毛状。犁骨、腭骨和舌上均无齿。脂眼睑发达。眶前骨后缘及下缘常具锯齿。背鳍 2 个，相距颇远，4 鳍棘 9 鳍条。臀鳍 3 鳍棘 8 ~ 9 鳍条。尾鳍叉形或凹形。胸鳍腋鳞尖长。幽门盲囊 2。

背鳍Ⅳ，Ⅰ－8，臀鳍Ⅲ－8；腹鳍Ⅰ－5；尾鳍 14。体侧纵列鳞 36 ~ 40。

体长纺锤形，稍侧扁。头部背方平扁，腹面钝圆，体高较低。体长为体高的 3.9 ~ 4.7 倍，为体宽的 5.9 ~ 6.9 倍，为头长的

3.7～4.5倍。头较小，略呈钝锥状。吻短钝，小于眼径。眼较大，侧位而高。眼间距宽阔，微凸。头长为吻长的3.9～5.7倍，为眼径3.7～4.9倍，为眼间隔的1.8～2.2倍。脂眼睑特别发达，很厚，遮复眼上，所留的长圆形小孔，较其他种类狭小。鼻孔每侧两个，分离，位于眼前侧上方，前鼻孔小，圆形，后鼻孔较大，呈裂缝状。口较大，下位，口裂呈"人"字形。上颌前缘由前上颌骨形成，上颌骨几乎完全遮盖隐于眶前骨与前颌间的沟中，仅两侧尖端，在口角侧后方微露出部分边缘。两颌牙绒毛状；多行，呈带状排列，上颌最外一行较大，呈黄色透明弱锥状牙，排列栉疏。上唇较厚，下唇薄锐。鳃孔宽大，鳃盖膜分离，不与颊部相连，鳃耙发达，细长呈丝状。肛门紧位于臀鳍前方。

体被大型圆鳞，头部亦被鳞，头背鳞始于前鼻孔的前方，除第一背鳍外，各鳍鳍膜上及基部均被有细小的鳞，尤以第二背鳍、臀鳍及尾鳍为最，胸鳍基部及第一背鳍与腹鳍基部的两侧各具一长尖形腋鳞。无侧线。

2背鳍分离，第一背鳍的起点距吻端稍近于尾鳍基部；2背鳍间距离较近，短于第一背鳍棘。臀鳍较大，始于第二背鳍基部前方的腹面。胸鳍较短，短于头长。腹鳍稍短于胸鳍，起点约在胸鳍条1/2处的下方。尾鳍叉形，叉度较大。

头部及体侧背方呈青灰色，体侧下方及腹面银白色，体侧上方具有7条暗色纵条纹，2背鳍、胸鳍及尾鳍淡灰色，尾鳍边缘淡黑色，臀，腹鳍无色。

鲻科鱼类的分类，各国专家作了比较系统的研究，各个学者依据鲻科鱼类不同的形态特征以及不同海区的种类，作了各不相同的分类检索表。本书依据《中国鱼类系统检索》将鲻科的检索列在下面。

1（10）上唇不厚，唇缘较光滑

2（7）上颌骨完全被眶前骨掩盖，后端不外露或仅稍露；胸鳍腋鳞发达

3（6）脂眼睑发达；头部侧线系统之眶下管第一与第二分枝

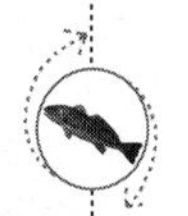

达到或超过前鳃盖下颌管

4（5）胸鳍短于吻后头长；头部侧线系统之眶前管与眶下管不相通…………………………………………………… 鲻属（*Mugil*）

5（4）胸鳍长于或约等于吻后头长；头部侧线系统之眶前管与眶下管相通 ………………………………… 骨鲻属（*Osteomugil*）

6（3）脂眼睑不发达；头部侧线系统之眶下管第一与第二分枝不达到前鳃盖下颌管；胸鳍长于或仅稍短于头长 ……………… ………………………………………………… 凡鲻属（*Valamugil*）

7（2）上颌骨后端显著露出于眶前骨之外；胸鳍短于吻后头长，腋鳞不发达或不存在

8（9）纵列鳞不少于27枚；尾鳍凹入乃至叉形…… 鲅属（*liza*）

9（8）纵列鳞不多于27枚；尾鳍浅凹乃至近截形…………… …………………………………………………… 黄鲻属（*Ellochmugil*）

10（1）上唇厚，具乳突或繐缘

11（12）唇缘分褶且有繐缘；上颌骨后端外露 ……………… ……………………………………………… 褶唇鲻属（*Plicochmugil*）

12（11）上唇下部具较宽的乳突带，下唇缘亦具细乳突；上颌骨后端不外露 ……………………………… 粒唇鲻属（*Crenimugil*）

第三节　鲻鱼的生物学

一、地理分布

鲻鱼为世界海域广布种，广泛分布在北纬42°到南纬42°广大海区的沿岸水域，从欧洲南部、比斯开湾到南非，包括地中海与黑海，东及中国、日本、夏威夷，西及加利福尼亚、智利、巴西，北达俄罗斯、加拿大沿海等地均有分布（图1－2）。我国沿海北起渤海的丹东，南至南海均有分布，特别是南海和台湾省沿岸产量较大，尤其是内湾盐度较低的咸淡水水域数量为多。一贯来有“南鲻北梭”的称法，即南方沿海盛产鲻鱼，而北方沿海、黄渤海

沿岸盛产梭鱼。

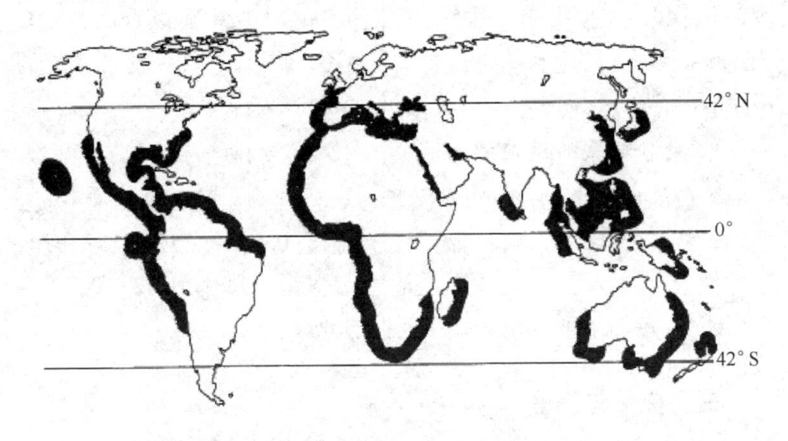

图 1－2　鲻鱼的地理分布（据 Thomson，1963）

二、生活习性

鲻鱼为温、热带浅海中、上层鱼类，常栖息于浅海区及河口的咸淡水水域。刚孵化出来的仔鱼随水漂流。幼鱼随潮水进入港湾及河口摄食，退潮后，成群栖息在背风向阳、气候温暖、饵料丰富的海区。冬季水温低时，则转入海中较深处越冬。鲻鱼性活泼，感觉灵敏，稍受到惊吓即逃遁。喜趋光。鲻鱼性情急躁，活动力很强，游泳迅速，喜游于水面，力大善于向空中跳跃，能连续跳出水面达 6～7 次之多，偶尔可跳出海水表层高至 1 米。

1. 对水温的适应能力

鲻鱼对水温的适应能力很强，能在水温为 3～35℃ 的水域中生活，最适水温为 12～25℃，致死温度为 0℃。一般来说，鲻鱼能耐高温，而对低温表现敏感，当水温开始变低时，便出现离岸洄游的现象。在池塘养殖条件下，当水温下降到 9℃ 时，鲻鱼开始表现不适，有时呈侧卧状态。

2. 对盐度的适应能力

鲻鱼对盐度的适应能力很强，在海水、咸淡水和纯淡水中均能

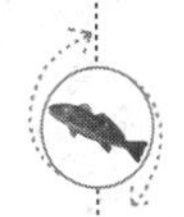

生活。鲻鱼多栖息在盐度30以下的水域中，一般对盐度的适应范围为0～40。但据报道，鲻鱼在盐度很高的水域中可以繁衍，在某些盐度高达83的咸水湖中仍可发现鲻鱼的踪迹。幼鱼对低盐度的水流有强烈的趋流性，喜欢逆流而上到咸淡水交界的河口。

3. 对溶解氧的适应能力

鲻鱼的耗氧量比较高，在池塘中，当溶氧量达到2毫克/升以上时，鲻鱼的活动正常，当溶氧量降低至0.87～1.57毫克/升时，鲻鱼便产生“浮头”现象。当池中溶氧量下降为0.52～0.72毫克/升时，鱼苗出现昏迷、窒息死亡的现象。

三、食性与摄食

1. 食性的形态学基础

鲻鱼的生理、习性与形态有着不可分割的关系。鲻鱼的口腔断面形状为口角圆下缘平坦，上颌齿较大，下颌齿较小。上颌齿各有两种类型，上颌主齿数量较少，呈尖塔形齿；上颌副齿9～11行，呈手套形，尖端有分叉。下颌除有扁头形的主齿外，还有8行扁分叉状副齿（图1－3）。从这些齿的微细情况来看，它们的作用不可能是咀嚼，而只能是洗刷食物并阻挡食物漏出。

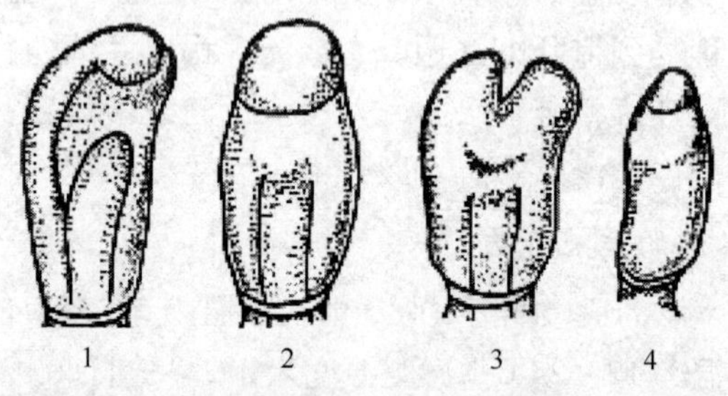

图1－3　鲻鱼的牙齿形状（据费鸿年等，1960）

1. 上颌主齿侧面；2. 同1正面；3. 上颌副齿侧面；4. 同3正面

鲻鱼的胃具有典型的适合于摄食微细有机物质的构造。幽门部肌肉特别发达，胃中有11条褶皱，其作用是摩擦以粉碎吞食的含有机物质的软泥，幽门垂2个。

鲻鱼肠的长度一般是幼鱼阶段时较短，成鱼时较长（表 1－1、图 1－4）。

表 1－1　鲻鱼的体长与肠长关系　　单位：厘米

体长	肠长	以体长作 100 肠的长度	
		幅度	平均
2.4～2.6	3.46～3.75	128～140	135
11.3～13.2	28.4～38.3	289～320	290
10.8～13.0	34.3～44.0	288～344	310
15.3～16.8	45.0～48.0	294～327	303
35.8～39.2	120～138	350～361	352

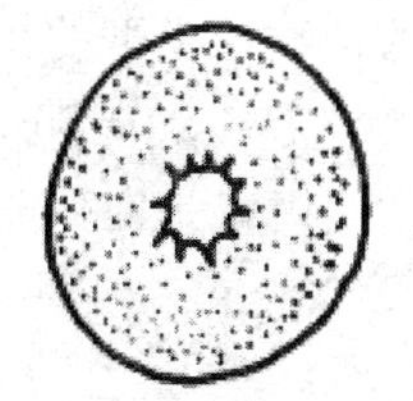
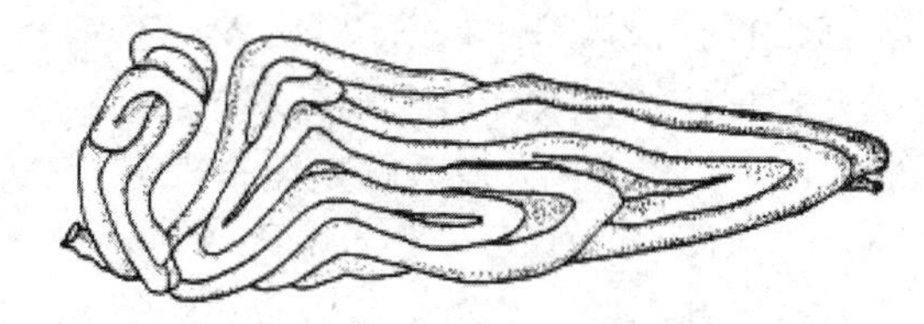

图 1－4　鲻鱼胃的横断面和肠的外形

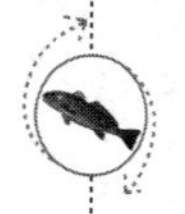

鲻鱼消化器官上还有一种特殊的构造是配合微细鳃耙，上咽皮向外扭转，形成与鳃密切相接的一块软褥，这上咽皮有毛刷状的绒毛，以便把鳃耙上的各种微细食物扫下来送回咽头。鲻鱼的绒毛长度为 0.4～3 毫米，呈弯沟状。

2. 食饵分析

鲻鱼属杂食性鱼类，为底泥腐屑食性。食料十分广泛，以刮食沉积在水底泥表的周丛生物为主，饵料有硅藻、丝状藻类、桡足类、多毛类和摇蚊幼虫等，也食小虾和小型软体动物。

不同海区、不同时期，鲻鱼摄食的种类和数量有所差异。如广东汕尾红海湾鲻鱼的胃含物中，腐败的有机物质为最主要的成分，占鲻鱼胃中含物的 38%～50%。其次为沙粒和粗泥（27.5%～37%），完全不起营养作用。再次为“低等藻类”，包括绿藻、蓝藻等，一般占 12%～13%，硅藻类，数量较少为 4.8%～18%，动

物性食物如桡足类的残肢和多毛类的断片所占比例极低；厦门杏林湾鲻鱼在繁殖季节的食料以附生于水底或海藻上的浮游硅藻为主，占全数的71.9%，海中泥沙表面的有机碎屑占8.8%，桡足类及其幼体占6.8%，低等藻类和原生动物各占2.6%。从以上可以看到，不同地区、不同时期，鲻鱼摄食的种类和数量有所差异，其摄食有一定选择性，但食料种类范围颇为广泛。

费鸿年等（1960）指出，鲻鱼有食性转变，在体长2.7厘米左右时，其胃中含绿藻和硅藻的分量比成鱼多，约占胃含物的40%，桡足类残肢占15%，而腐败有机物占20，沙粒占19%。

铃木（Suzuki，1965）认为，鲻鱼随着体长的增长有食性转换现象，初起是以浮游动物为饵，然后转为动、植物混合性饵料，最后转为植物性饵料。食性转变，从动物性转为植物性类型的饵料，是出现在幼鱼体长23～33毫米时。但德·锡尔瓦等（De Silva et al，1977）指出，大多数鲻鱼要全部转为植物性饵料是在体长55毫米以后。

3. 摄食强度

鲻鱼的摄食强度有昼夜、季节、个体之间的差异。成鱼昼夜均摄食，通常在黎明和中午的摄食强度大于晚间。仔、稚、幼鱼因凭视觉摄食，故摄食只在白天进行。在繁殖季节前，鲻鱼的摄食强度最大，消化道总是充满食物。在繁殖期间和产卵洄游期间，鲻鱼很少摄食或不进食。如我国台湾省的鲻鱼在洄游期间，其胃含物的重量一般少于0.5克，而且大多数是沙粒，而未产卵的鲻鱼，只吞进少量的沙粒，且通常只占胃含物总重的1/3～2/3。到了冬天，水温降低，鲻鱼进入越冬期，此时期的鱼摄食极少或停止摄食。

光照强度对鲻鱼的摄食强度影响很大。何大仁等（1983）研究了鲻鱼幼鱼摄食强度与不同光照的关系，结果表明，在1 000勒克斯下，鲻鱼幼鱼对溞的摄食强度较小，随着照度的减弱，摄食强度增大，并在100勒克斯照度下达到最大值。尔后，摄食强度随光照的继续减弱而降低。

四、年龄与生长

1. 年轮和副轮的特征

鲻鱼的鳞片系属于大型的弱栉鳞，整个鳞片可分为前区、后区和两个侧区。鳞片前区和两个侧区的环纹呈同心圆排列，鳞片后区的环纹则变形为许多不规则的颗粒状突起。在鳞片前区还有5～10条辐射沟。

在同一生长带之中，环纹的排列走向相互平行。两个生长带相邻的环纹呈切割状，因而形成年轮。在鳞片侧区和后区交界处，环纹切割明显。副轮是非周期性发生的，其轮圈不完整，仅在鳞片的侧区或前区局部出现，而高龄鱼较为常见。同一尾鲻鱼并非每个鳞片都有副轮。幼轮位于鳞片的中心区，离鳞片中心约4～4.5毫米，幼轮以内的环纹排列紧密，在幼轮处的环纹一般不呈现切割状。

2. 年轮特征和形成时间

采用读龄法，对池塘养殖的鲻鱼进行年龄鉴定和生长测定，鳞长R和各年轮的轮距R_1，R_2，…，R_n用投影仪所放大的映象进行测量。鳞长是从鳞片中心测量至鳞片前区的右角；鳞距是从鳞片中心测量至该年论前区的右角（图1－5）。结果表明，鲻鱼的年龄鉴定方法与许多鱼类一样，以鳞片上环纹走向不一而形成的切割现象作为主要依据（图1－6）。

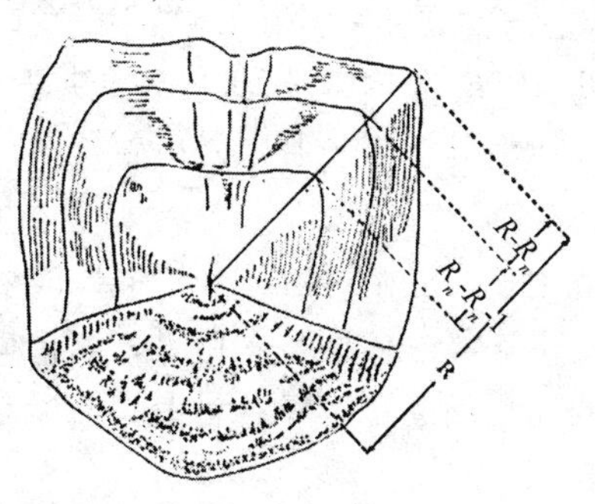

图1－5　鲻鱼鳞片的测量方位

R：鳞长；R_n：第n年轮的轮距

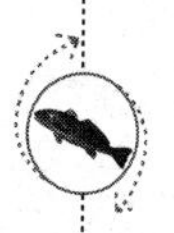

图 1－6　鲻鱼鳞片上的切割型年轮标志（40 倍）

根据所收集的材料，池养鲻鱼形成新年轮的时间较长，新年轮主要在 10 月至翌年 1 月期间形成（表 1－2）。

表 1－2　池养鲻鱼新年轮形成情况

项　目	月　份				
	9 月	10 月	11 月	12 月	翌年 1 月
被检查鱼数/尾	19	23	13	23	11
形成新年轮的鱼数/尾	5	17	12	19	10
新年轮出现率/%	26. 3	73. 9	92. 3	82. 6	90. 1

3. 生长

鲻鱼体型较大，一般常见个体体长为 200～400 毫米，最大可达 800 毫米，一般体重 5～6 千克，甚至有 12 千克。

（1）**年内生长**　图 1－7 所示为当年鲻鱼的逐月生长情况及水温变化。可见当年鱼的年内生长速度各个月份有所不同，4—10 月为大生长期，11 月至翌年 3 月则为小生长期，与水温的年变化有明显的关系。

（2）**年间生长**　从相对生长率和生长指标可以反映池养鲻鱼个体的阶段生长差异。由表 1－3 可见，体长和体重的相对生长率都随着年龄的增长而逐年下降，而生长指标的年间变化，也呈现出相同的趋势。

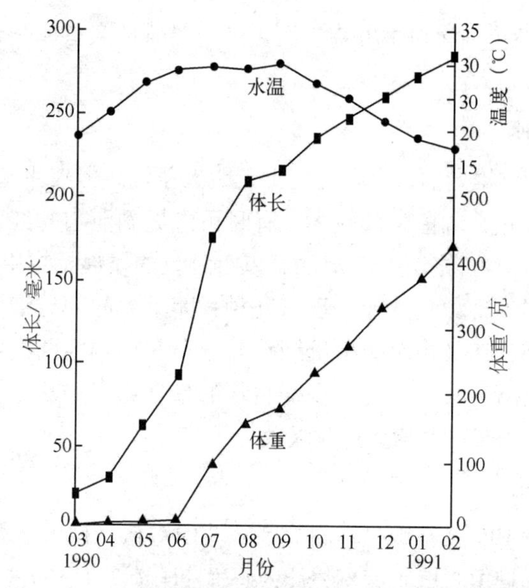

图1－7　当年鲻鱼的逐月生长情况及饲育水温关系

表1－3　池养鲻鱼体长及体重的相对生长率和生长指标

年龄组	平均体长/毫米	体长相对生长率/%	平均体重/克	体重相对生长率/%
Ⅰ	285.2		425.3	
Ⅱ	379.5	33.05	1 154.1	171.36
Ⅲ	451.1	18.57	1 894.2	64.13
Ⅳ	491.6	8.89	2 364.0	24.80
Ⅴ	529.9	7.79	2 851.0	20.60

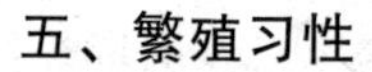

五、繁殖习性

1. 生殖群体体长体重组成

鲻鱼雄性亲鱼体长范围为350～540毫米，平均为（447±42.9）毫米；雌性为330～570毫米，平均（458±56.3）毫米。雄鱼体重范围为819～3 101克，平均1 736克；雌鱼体重范围为

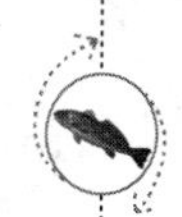

684～3 660克，平均1 870克。可见，一般雌性亲鱼体长与体重均比雄性亲鱼略大。

2. 性别

鲻鱼为雌雄异体，平时外观上无明显差别，但在生殖群体中，雄鱼显得细长，雌鱼腹部较大，有时可以见到泄殖孔红肿。何大仁等（1961）在收集的37尾池养单年鲻鱼的雌性标本中，发现3尾有雌雄同体现象。主要表现有几种：卵巢中的卵母细胞主要处在小生长期，初级和次级精母细胞只分布在靠内腔两侧卵母细胞间；卵巢逐渐消失，出现许多壶腹状的精巢组织结构；精巢组织发育良好，卵母细胞遭到退化吸收。

3. 性比

通过对195尾养殖在不同盐度池塘的鲻鱼（咸淡水及淡水92尾，海水池塘103尾）解剖统计，雌雄性比为2∶1。若按体长组来分，450毫米以下的雌雄比为（1.15～1.85）∶1；450毫米以上则为4.83∶1，雌鱼的比例大大增加（表1－4）。

表1－4　不同体长组鲻鱼的雌雄比例

体长组	<350毫米	351～400毫米	401～450毫米	>450毫米
雄鱼♂	13	32	39	12
雌鱼♀	24	44	45	58
性比♀：♂	1.85∶1	1.38∶1	1.15∶1	4.83∶1
总的比例	1.78∶1			

4. 成熟系数和卵径大小

池养鲻鱼性腺成熟系数随季节呈现相应的变化。9月卵巢经历Ⅱ、Ⅲ期发育阶段。从10月起，卵巢发育转入Ⅳ期，成熟系数显著上升。至11月，由Ⅳ期末转入Ⅴ期，卵巢重量明显增加。在12月至翌年3月期间达到峰值，随后成熟系数明显下降。

从表1－5可以看出，鲻鱼卵从11月起开始发育成熟，一直持续到翌年2月。在2月下旬，有些鱼卵开始退化，至3月，再也采不到大粒的卵子，这种变化与成熟系数的逐月变化相吻合。

表1-5　池养鳕鱼的卵径变化　　单位：微米

	9月	10月	11月	12月	1月	2月	3月
卵径范围	170~212	178~330	416~700	503~710	507~647	607~671	649~663
平均卵径	195	239	504	587	565	643	655

5. 卵母细胞发育

鳕鱼卵母细胞的发育可分为5个主要时期（图1-8和图1-9）。

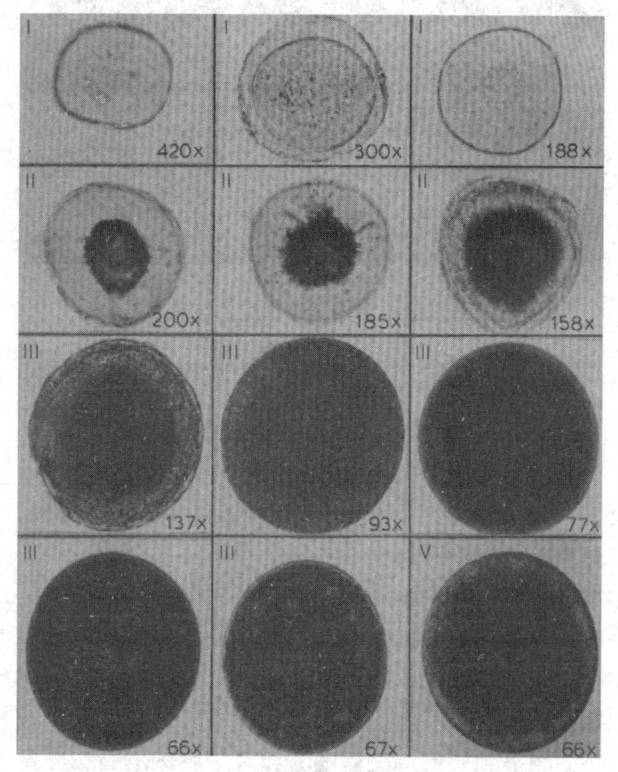

图1-8　鳕鱼各期卵母细胞的显微形态学结构

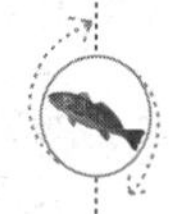

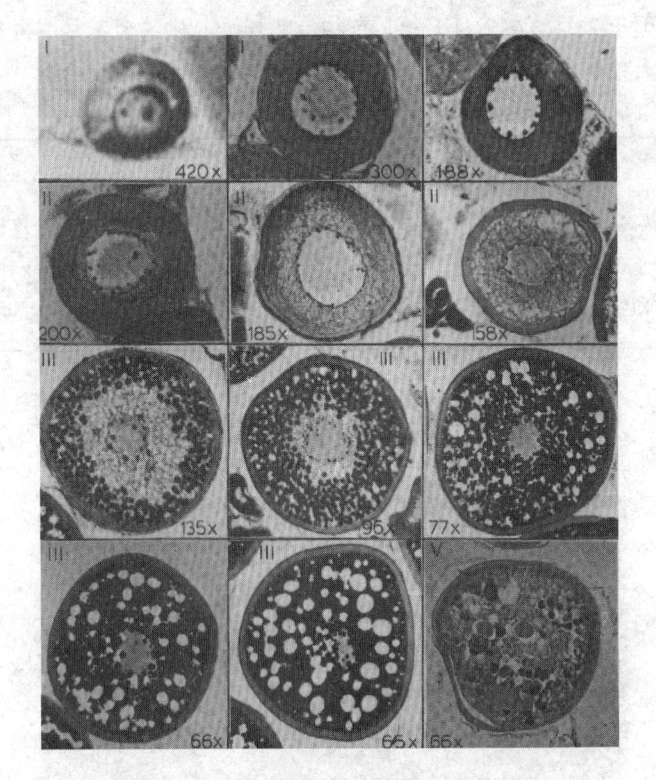

图 1－9　鳊鱼各期卵母细胞的组织学结构

（1）**初级卵母细胞期**　初级卵母细胞很多，在鳊鱼卵巢中全年都可见到，肉眼可鉴别卵巢，但看不到卵粒。卵母细胞呈椭圆形或圆形，卵粒不分离。大小相似，卵径 50 ~ 170 微米，卵质透明，只有一层卵膜，随着卵母细胞发育，卵质明显分区，组织切片观察结果是卵母细胞排列紧密，细胞质呈紫色，细胞核大，位于细胞中央，核仁清晰可见，位于核膜附近。

（2）**卵黄泡期**　肉眼可清楚分辨出卵粒，呈肉红色，但彼此不易分离。卵母细胞开始积累卵黄。卵径为 170 ~ 239 微米。组织切片观察卵膜外有一层薄的滤泡膜包围着，球状卵黄粒在卵周围形成，将油滴挤到核的周围。随着卵母细胞的发育，卵黄泡数量逐渐增多，卵细胞颜色变暗。

（3）**卵黄球期** 在卵黄球早期，卵径 200～330 微米，卵黄泡占据整个卵质，每个卵母细胞外观呈颗粒状。随着发育进程，卵黄从卵母细胞中央向周边扩散、积累而变得不透明。最后，卵黄球融合，卵母细胞中央部位变透明，卵的直径增长到 600 微米以上，彼此分离，呈黄色或淡黄色。组织切片观察，卵胞质中充满卵黄，明显形成卵黄球，卵黄粒径为 11.6～15.9 微米，质膜附近有一些空泡，核仁数量减少，核变小。该阶段后期，油滴变大，汇成单个，并向核周围集中，卵黄粒互相融合，核偏向动物极。

（4）**成熟期** 卵子透明，游离于卵巢中。

（5）**退化吸收期** 在繁殖季节末期，不少卵细胞的卵膜已模糊，处于分解状态，油球流出，卵粒直径为 649～663 微米。

6. 怀卵量

根据计测结果，鲻鱼个体（体长为 340～500 毫米，体重为 750～2 450 克）怀卵量变化于 48 万～480 万粒之间，统计分析结果表明，个体绝对怀卵量（F，万粒）和相对怀卵量（粒/克或粒/厘米）与鱼体重（W，克）和体长（L，厘米）呈直线增长关系。

六、鲻鱼的洄游

一些学者把鲻鱼的产卵洄游路线归纳为三种类型。

第一种类型是从湖泊向海洋洄游。据观察，突尼斯和伊斯凯尤湖泊中的鲻鱼在产卵洄游期间，雄性个体的数量多于雌性。

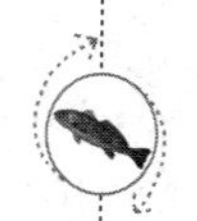

第二种类型是降海产卵洄游，即从河流向海洋洄游或从海湾和沿岸向外海洄游，澳大利亚鲻鱼和我国南部鲻鱼的产卵洄游就属于这种类型。在澳大利亚水域，鲻鱼的雄性个体数量超过雌性个体的数量，常常发现 1 龄的雄性鲻鱼比雌性多，产卵洄游路线从北方向温暖水域洄游。栖息在福建沿海港湾中的鲻鱼，因产卵而开始移动，跟随寒流而下，经台湾西海岸，于 12 月到暖流水域中产卵，之后再返至沿海近江河处索饵育肥。幼鱼至翌年 2—3 月先后分批出现在沿海地区。

第三种类型是在海洋中进行产卵洄游。如意大利亚得里亚海北

方的鲻鱼、我国台湾省南部的鲻鱼和毛里塔尼亚鲻鱼，在产卵繁殖季节，与沿岸进行平行洄游，寻找合适的河口咸淡水水域中进行产卵。

我国沿海常发现鲻鱼栖息于浅海或河口水深 1 ~ 16 米处，天寒则居深海越冬（但个别的海湾或浅海，鲻鱼可在此越冬而不游入海中）。秋季离岸到较深的海区产卵。

我国台湾的鲻鱼通常沿西海岸中部群集在近岸水面处，从 11 月末到翌年 2 月缓慢地向南移动。洄游的高峰在 12 月至翌年 1 月初。洄游鱼群集群的海区，一般在北纬 23°40′—22°20′，水深 30 米以内处。集群鲻鱼也出现在弯曲的海岸和河口附近。通常在一次鱼汛中出现 4 ~ 5 次洄游鱼群的集群。一般第一次和最后一次集群小而分散，第二次最大。早期集群的鲻鱼洄游速度最高，鱼向南洄游近于南部速度减慢。在台湾中部沿海，洄游速度估计为 13 ~ 20 千米/天。而在南部海区，每天约 4 ~ 10 千米。洄游鱼群的适温为 21 ~ 23℃。鱼群绝大多数为 4 龄或 5 龄，体长分别以 420 毫米和 450 毫米为多数。其雌鱼怀有卵，卵子不透明，尚未达到可供受精的成熟阶段。但鱼群中大多数雄鱼的精巢已达生理成熟阶段，据此可认为是产卵洄游。

据许多学者研究，鲻科鱼类产卵洄游，每年可能不止一次。沃拉克（Wallace，1975）对南非东海岸鲻鱼每年二次产卵洄游已作了详细叙述，认为产卵洄游受环境因子的影响和刺激有关。温度能诱导产卵洄游，日本鲻鱼开始产卵洄游的最佳温度为 17. 1 ~ 20. 6℃。我国台湾省鲻鱼开始产卵洄游的最佳温度为 21 ~ 23℃。研究者认为，鱼类洄游活动强度随水温升高而增加。气压的变化，离岸风的出现，会刺激鱼类大量活动。当澳大利亚鲻鱼出现移动时，一般最初刮强风，当刮风时，发现大量鱼群向海洋洄游。

研究者认为鲻鱼洄游受光周期节律的影响，博鲁拉斯鲻鱼晚上渔获量比白天高。

七、野生鲻鱼资源

我国鲻鱼主要渔获位于台湾西海岸中部以北的大安、梧棲一带，鲻鱼群随大陆沿岸冷水由长江口南下至马祖附近海域沿着冷水通道向台湾进行适温洄游产卵。依台湾省水产试验所发布的鲻鱼海况速报记载，主要捕获量于北部（基隆、宜兰）占11.87 %，中部（大安、梧棲）占43.42%，南部（安平、茄萣）占23.98%。

根据渔获记录，捕鲻的主要渔获水温介于19～23℃，由其年龄及体长组成变化，渔获年龄群仍以3、4龄鱼为主，体长则大多为45～51厘米。

一年一度的鲻鱼汛期属丰渔年或歉渔年，似与气候变化影响海况变动所形成之潮境与否有相当的关系。水温线密集处，易形成良好渔场；但1999年起冬季台湾海峡鲻鱼汛期时大多无潮境形成，水温线不密集，鱼群分散洄游不易聚集，致渔获欠佳。

据有关资料表明，自1985年开始，鲻鱼在长江口段大量出现，并形成鱼汛，可能与长江上游建坝截流有关，因长江水流受控，流速和水质发生季节性变化，造成海水倒灌，江水含盐量上升。水质变清致使浮游生物大量繁殖，为鲻鱼提供了良好的生长环境，为此鲻鱼集群溯江而上，形成长江下游鲻鱼鱼汛（图1－10）。

图1－10　渔民在捕捞鲻鱼

第二章 鲻鱼的人工繁殖和育苗

内容提要： 亲鱼的来源；亲鱼的培育；催产；产卵与受精；孵化；仔、稚、幼鱼培育。

第一节 亲鱼的来源

一、亲鱼的来源

亲鱼挑选通常是在已达到性腺成熟年龄的鱼中，挑选健康、无伤，体表完整、色泽鲜艳、生物学特征明显、活力好的鱼作为亲鱼。在一批亲鱼中，雄鱼和雌鱼最好从不同地方来源的鱼中挑选，防止近亲繁殖，避免种质退化，从而保证种苗的质量。亲本不能过少，一般应达到50～100尾，所选择的最好是远缘亲本，并应定期地检测和补充，使得亲本群体一直处于最为强壮阶段。

作为鲻鱼人工繁殖的亲鱼，主要来源于四方面。

(1) 在海区、河口捕获或在咸淡水水域中捕获接近成熟的亲鱼，进行人工催产。在海里捕捞的亲鱼，一般宜在冬季或早春进行，因当时水温低，便于运输。我国台湾省的鲻鱼亲鱼，大多数是在12月至翌年2月生殖季节时，从西海岸洄游到中部或西南部海区捕获。捕捞网具要柔软、光滑，操作要小心，以免鱼体受伤。福建省厦门捕获鲻鱼亲鱼用手抄网捞捕，这是利用鲻鱼溯流的习性而入网的。海南捕获鲻鱼多用围网。捕获的鲻鱼最好选择3龄以上。台湾省多选择4龄、没有受伤、体质健壮的鲻鱼作为亲鱼。从天然水体中捕获的亲鱼最好经过1年以上人工强化培育，这样的亲鱼成熟率高，催产有把握，且性温顺，催产不易受伤。台湾海区捕获的亲鱼养在淡水水泥池中3个月，以后逐渐加入海水，投喂充足的优质饵料，用激素催产即可获得产卵。

（2）在珠江三角洲地区的深圳、东莞、斗门等地的咸淡水或淡水养殖场向养殖户收购大龄的鲻鱼，用活鱼运输车进行循环洒水运输，运回种苗生产基地继续培育至性腺发育成熟。同时，每年均留养一定数量的后备亲鱼，形成一个年龄梯队。

（3）在有条件的地方，应以自己培育亲鱼为主，逐年选留，做到自养自繁。每年1—4月，在海区捕获天然鲻鱼苗，全长为10～40毫米，置于用窗纱制成的网箱中标粗，当鱼苗长至全长50～60毫米以上时，分别移到水泥池与鲷科鱼类及蓝子鱼混养或移到土池中与对虾混养。

（4）将人工孵化的鱼苗留在种苗生产基地培育而成。

二、选择标准

1. 种质标准

从种质角度选择亲鱼应生长速度快、肉质好、抗逆性强；进行杂交育种时，要求亲本的种质纯度高。

2. 年龄和体重

选择亲鱼时，应避免选择初次性成熟个体和已进入衰老期的个体。对于一般鱼类而言，可取最小性成熟年龄加1～10作为选择人工繁殖所需亲鱼的最佳年龄。在达到性成熟年龄的前提下，亲鱼体重越大越好。一般鱼类的年龄和体重存在正相关关系，即年龄越大，体重越大。但由于气候、水质和饵料等因素差异，同一种鱼在不同水域的生长速度存在差异，达到性成熟年龄也不同，体重标准也不一致。

3. 体质标准

选择体质健壮、行动活泼、无病、无伤的个体作为亲鱼。

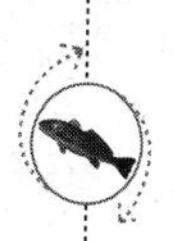

第二节　亲鱼的培育

培育可供人工催产的优质亲鱼，是鱼类人工繁殖决定性的物质基础。整个亲鱼的培育过程都应围绕创造一切有利条件，使亲鱼性腺向成熟方面发展。

一、亲鱼培育设施

1. 亲鱼培育池的要求

鲻鱼的性情比较急躁，为有利于其生长、发育和饲养管理，在条件许可的情况下，亲鱼培育池应选择在：靠近水源及催产基地，海、淡水排灌方便，可以根据亲鱼性腺发育的需要随时调节养殖用水的盐度和水质，而且四周环境比较安静，便于运输和饲养管理的地方。亲鱼培育池大小要适中，池塘太大，放养的鱼数量较多，催产时多次拉网，容易损伤亲鱼和导致其性腺退化。但若池塘面积太小，也不利于亲鱼的活动及其性腺发育。条件相近的成鱼养殖池也可以进行亲鱼培育，但要求容易进行起捕操作。

2. 亲鱼培育设施

（1）**室外水池**　长方形，面积分别为 0.5 亩①和 1 亩，池深为 1.5 ~ 1.8 米，底部分别为水泥底、沙泥底、水泥底铺沙层。

（2）**土池**　面积为 2 ~ 5 亩，形状以长方形为宜，一般东西长，南北宽，长宽比为 3∶2，塘呈梯形，水深为 1 ~ 1.5 米，塘低平坦，锅形倾斜，开闸门于靠海一边，连接闸口是一主沟，主沟末端分叉成“Y”字形，主沟比塘底深 50 厘米，沟宽约 5 米，塘底为沙泥质，并有适量（5 ~ 10 厘米）肥泥层以利于繁殖基础饵料和捕捞操作。

（3）**池塘清整**　土质的池塘，在使用之前，要清理淤泥，结

---

① 亩为非法定计量单位，1 亩≈666.7 平方米，1 公顷 =15 亩，余下同。

合整修塘堤。同时要清除野杂鱼，杀死敌害生物，通常用生石灰清塘。然后，施放有机肥，繁殖饵料生物，有利于亲鱼培育。

二、亲鱼的放养

亲鱼的合理放养密度是保证亲鱼培育成功的一项重要措施，要求既能充分利用水体，又能使亲鱼性腺发育良好。放养量过大亲鱼生活空间拥挤，容易发病，不利于其性腺发育，过小则浪费水体，不能充分利用水体负载力。放养密度按池塘具体条件而定。可利用在沿岸捕获的鲻鱼苗，经淡化中间培育后放在淡水塘中培育而成，为了确保成熟，在催产前两个月，按每公顷600～800尾（每亩40～50尾），放养于新塘培育。催产前采取咸水过渡，获得催产成功。我国台湾省也很重视池塘培育亲鱼。他们在水泥池培育亲鱼，催产也获得成功，同时发现池塘养殖的亲鱼要比自然海区捕来的亲鱼较容易产卵。

放养前用浓度为0.1%的高锰酸钾溶液清洗鱼体5～10分钟。

三、亲鱼的饲养及日常管理

亲鱼培育池日常管理工作的好坏十分重要，这是一项长期细致的工作。每天早晚要巡视池塘，观察亲鱼情况应有专人负责。

1. 施肥

根据鲻鱼亲鱼的摄食习性，可在培育池适当施有机肥，如人畜粪尿和青草等，使水中具有丰富的有机物质和适量的营养盐，以保持水质有一定肥度，有助于池中浮游生物大量繁殖。施肥以少量勤施为原则，要预防水质恶化。如果水质恶化，应及时注入新水。

2. 投饵

饵料是促使鲻鱼亲鱼性腺正常发育成熟的重要因素。亲鱼饵料的数量与质量，直接影响到亲鱼性腺发育的好坏。因此，合理施肥、投饵是培育亲鱼的关键。

根据对鲻鱼胃含物的分析结果发现，鲻鱼的摄食习性，系以摄

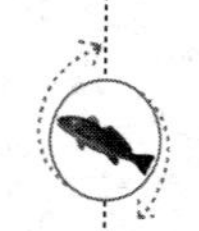

取水底的小型动、植物及其他有机碎屑，并以海底混合泥沙而食之。植物性食物种类以浮游硅藻为主，其次为蓝绿藻门的囊球藻和低等丝状藻类（如小浒苔等）。浮游硅藻有19属，绝大部分是底生或附生的硅藻，如布纹藻、舟形藻、菱形藻、曲舟藻、骨条藻等。动物性食物种类主要是小型桡足类和原生动物门的沙壳纤毛虫类，以及腹足类后期幼虫、端足类、涟虫类和瓣鳃类的稚贝等。

人工饲养要适当投饵，在水温适宜的情况下，每天的投饵量为鱼体总重的3%左右，饵料有油饼类、麸糠、玉米面、高粱面、酒糟、鱼粉、虾糠、麦芽以及人工配合饵料。每天投喂两次，07:00—08:00和16:00—17:00时各1次，早上投喂日饵量的30%，下午投喂70%，日投喂量为鱼体总重的5%~8%。并根据天气、水质及鱼、虾的摄食情况适当增减。投喂后要及时清除残饵，这对预防鱼病发生，保持水质不被污染十分重要。

3. 调节水质

鲻鱼亲鱼培育水质的调节，是促使亲鱼成熟的重要措施。在强化培育中，必须定时向池中加入新鲜的水，调节水质，改善池水氧气状况，加速物质循环，促使浮游生物的繁殖，促进亲鱼的性腺发育。反之，则会抑制亲鱼的性腺发育。所以，要定期增氧或加换新水，保持水质清新，溶解氧充足。水色以油绿色或浅褐带绿色为好，透明度以25厘米左右为宜。盐度控制在3~6以上。室外小水池用池底涵洞排污，用潜水泵抽进新鲜海水，一般每天更换20%~30%，夏季水温高，容易缺氧，换水率加大至50%以上。另外，还可利用每月两次大潮水开闸换排池水。每天上、下午各测定水温一次，定期测定水中溶氧及盐度等。

鲻鱼在淡水水域中鱼体会受到环境因素影响，体内缺少促性腺释放激素因子即排卵激素与卵巢类固醇，影响脑垂体释放促性腺激素，使雄性激素于卵巢内大量累积，使得雌性鲻鱼的生殖腺无法达到最终成熟与排卵，故若平时放养在淡水或咸淡水中的亲鱼，在产卵前需将池水盐度提高到32~35，或将亲鱼从低盐度水池移到高盐度的水池中。在亲鱼性腺迅速发育时期每星期冲水一次，促进性腺发育。

4. 产后培育

亲鱼在产卵池饲养、产卵30~60天后，应将室内的亲鱼移养到室外水泥池中，此时，亲鱼体质虚弱、常会受伤，很容易感染疾病。必须做好防病措施。若是受轻伤的，可用外用消毒药浸泡后再放到室外水池。若受伤严重的，除浸泡外，还要注射青霉素（10万单位/千克鱼体重），投喂时，饵料中加抗菌消炎药，如"百炎净"等，用量为1克/10千克鱼体质量，连投3天，每天投喂新鲜的饵料，以鱼食饱为好，一般投喂量为每天6%左右，经过15~20天的精心管理，产后的亲鱼可以恢复。

5. 日常管理

在日常工作中要勤观察，发现问题及时处理，在有条件的地方，可对亲鱼逐尾做标记，以便精确地追踪观察亲鱼的性腺发育。平时主要是要观察亲鱼的摄食及活动情况，一有异常，应及时检查分析原因，采取措施；若水质不好，当天少投喂或不投喂。若水质好，亲鱼摄食量少或不摄食，应仔细观察亲鱼的情况，必要时取几尾样品，进行镜检，若有病鱼，尽快进行隔离治疗，防止交叉感染。要求记录日期、池号、水温、盐度、投饵的种类和数量、注排水情况、鱼类的摄食及活动情况、鱼病防治情况等内容。管理记录对亲鱼培育技术的总结提高十分重要，应坚持不懈地做好这项工作。

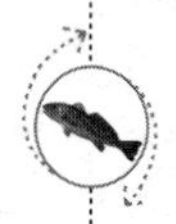

第三节 催产

一、催产亲鱼的雌雄鉴别及选择

雌雄亲鱼必须体质健壮，体型正常，个体较大，反应灵敏，外观无损伤，鳍条、鳞被完整，无鱼虱。雌鱼年龄在4~6龄以上，

体重达1 000克以上；雄鱼年龄在4龄以上，体重达1 200克以上，雌雄比例为1∶1.5。每年11月中、下旬，可结合收获商品鱼，将亲鱼捕起移入室内水池蓄养。鲻鱼是雌雄异体，从个体大小方面一般不太容易辨别出雌雄性别。检查前一定要停食1～2天，避免饱腹造成的假象。在繁殖季节，成熟雌鱼的腹部膨胀、柔软富有弹性，具有一定的弧度，腹部向上时有明显的腹中线，其性腺指数最大可达11.29，生殖孔色泽稍深向外微张，有许多细纹呈放射状从开口处向外辐射。将亲鱼麻醉后，使鱼体腹部朝上，用1根长为30～40毫米、直径为1毫米的聚乙烯软管的一端，轻轻插入亲鱼生殖孔内，沿着鱼体一侧的输卵（或输精）管道，轻轻向前伸入卵（精）巢内；用口在软管的另一端吸取少量鱼卵（图2－1），在光学显微镜下检查，卵径达到600微米以上，卵粒大小均匀整齐，大卵占绝大部分，卵色有光泽，卵粒饱满，而且细胞核的位置已偏移到卵的一极，此即成熟卵。这表明亲鱼卵巢成熟较好，可以催产。若卵粒小且不饱满，大小不均匀，卵核在卵的中央尚未偏移，卵粒不易剥落，则表明卵子尚未发育完全成熟；若卵粒扁塌或光泽暗淡，甚至有糊状感觉。卵膜发皱，则表明卵粒已经退化。

图2－1　用塑料软管吸取鲻鱼卵子检查发育情况

雄鱼外部生殖器凹陷于腹部下，色泽为白色，较小且呈椭圆形。临近繁殖季节，雄性生殖腺部分明显发育增大，其性腺指数最大可达12.5。将雄鱼腹部朝上，轻压腹部两侧，成熟的，即有白色液涌出，成熟的精液呈乳白色、浓厚、滴入水中即散；若挤出的精液稀少，入水呈细线状不散，则表明尚未完全成熟，应继续培育后使用；若精液稀薄，带黄色，表明该鱼已退化，不宜使用（图2－2，图2－3）。

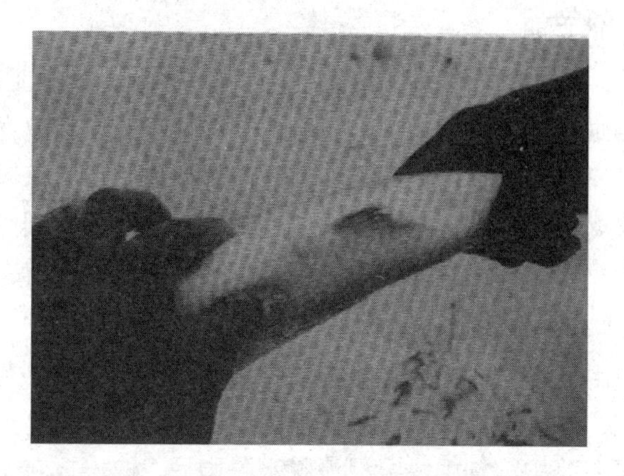

图2－2　挤压雄性鲻鱼腹部检查亲鱼成熟情况

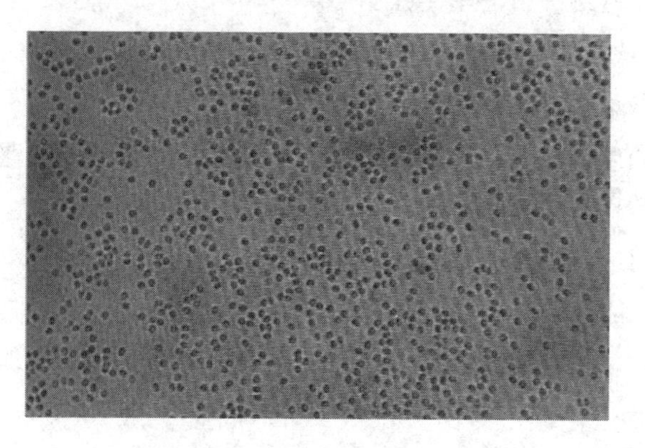

图2－3　成熟的鲻鱼精子

二、催产期

选择亲鱼性腺发育接近成熟到开始退化之前进行催产为最合适。如果催产时间过早，雌鱼卵巢发育多数未达到敏感期，催产效果不佳。催产过迟，卵巢发育过熟，同样催产效果也不好。催产期主要根据亲鱼的性腺发育程度，结合水温等外界条件加以确定。水温过高会导致产卵受精效果降低，更严重时会导致催产不顺利，为配合

受精卵孵化及鱼苗培育，催产的水温以20℃左右为宜。

三、催产剂

目前，用于诱导鲻鱼和海水鱼类生殖的外源激素主要有三类：鱼类的脑垂体（简称垂体或PG）、人类绒毛膜促性腺激素（简称绒膜激素或HCG）以及丘脑下部促黄体素释放激素的类似物（简称类似物或LRH－A）。此外还有用于提高催产剂效果的辅助剂地欧酮（DOM）等。

1．鱼类垂体

常应用于催产的为鲤科鱼类脑垂体，经过研磨，制成生理盐水垂体匀浆，直接注入鱼体内。脑垂体可随摘随用，也可把摘取出的垂体浸在丙酮溶剂中，经浸渍脱水脱脂后，取出放在滤纸上晾干后装瓶密封备用，有效期为两年。

2．绒毛膜促性腺激素

这种激素是从孕妇尿中提取的，现已广泛使用作为鱼类催产剂。为白色或淡黄色粉末，或泡沫状固体，易溶于水，遇热或受潮易失效，使用时现配现用。

3．促黄体素释放激素类似物

是合成的九肽激素，为白色粉末，比垂体或人类绒毛膜促性腺激素稳定，其水溶液在常温下可保存数日而效果不减。但以现配现用为好。

4．地欧酮

地欧酮是一种多巴胺抑制剂。生产上不单独使用，主要与促黄体素释放激素类似物混合使用，以增强其催产效果。

四、注射剂量

注射用水一般用生理盐水（0.7%的氯化钠液）、蒸馏水或清洁的冷开水配制。释放激素类似物和绒毛膜激素均为易溶于水的商品制剂，只需注入少量注射用水，摇匀充分溶解后，再将药物完全吸出并稀释到所需的浓度即可。脑垂体注射配制前，应取出脑垂体晾干，再在干净的研钵内充分研磨，研磨时加几滴注射用水，磨成浆糊状，再分次用少量注射水稀释，并同时吸入注射器，直至研钵内不留激素为止，最后将注射液稀释到所需浓液。

配制注射液时应注意事项：①一般即配即用，以防失效。若1个小时以上不用应存放入4℃冰箱内。②催产激素和水的总用量，应在计算的总量基础上再增加5%～10%，以弥补配制时和注射时的损耗。③稀释剂量以便于注射时换算为好，但一般应控制在每尾亲鱼注射剂量不超过5毫升为准。

注射剂量应根据亲鱼成熟情况、环境条件、催产剂的质量等具体情况灵活掌握。一般在催产早期和晚期，剂量可适当增大一些，中期可适当减低些；在温度低，亲鱼成熟稍差时，剂量可适当增大，反之则适当降低些。成熟较好的亲鱼剂量可适当低些，性腺发育较差的亲鱼，剂量可适当高些；在催产早期，水温较低，剂量可适当高些，并增加垂体的用量。在催产中期、水温较高，剂量可适当低些。注射效果较好为LRH－A及HCG两种催产药物混合使用，对于雌性亲鱼，前者每千克体重注射200～240微克，后者每千克体重注射2 700～3 800国际单位；雄性亲鱼两种激素的注射总量分别为80～100微克和500～1 000国际单位。注射时分成两次注射，注射的间隔时间为24～48小时，第一次注射总剂量的1/3，第二次则注射总剂量的2/3（图2－4）。

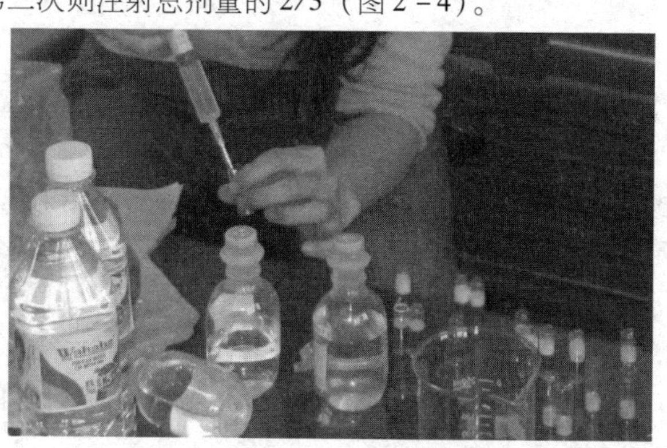

图2－4　配制催产注射液

五、注射方法

将亲鱼放入大塑料盆中或亲鱼夹内，然后将亲鱼侧仰托起（不离水面）略把胸鳍翻开，注射针头向头部方向与鱼体成40°~50°角，迅速刺入胸鳍基部无鳞腋窝处，进针约0.5~1厘米，把注射液徐徐注入。也可在背鳍肌肉注射，用注射针挑起一鳞片，并顺着鳞片向前刺入肌肉注射（图2-5）。

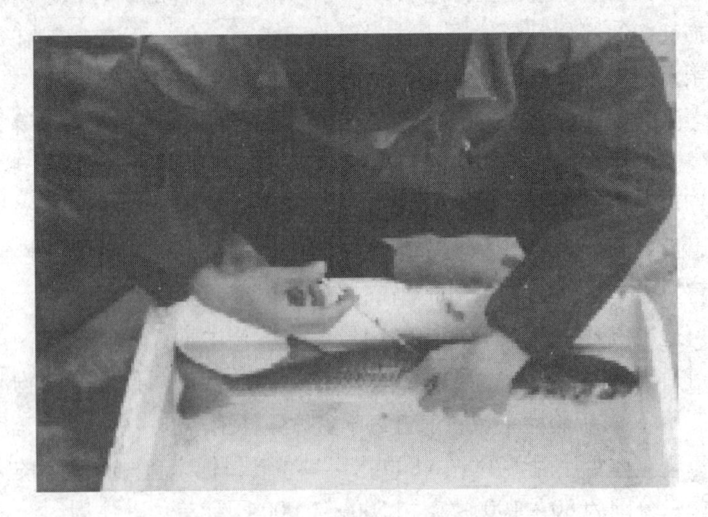

图2-5　为鲻鱼亲鱼注射激素

第四节　产卵与受精

大多数亲鱼于注射第二针后10~12小时（或注射第一针后46~60小时），雄鱼开始追逐雌鱼，并自然产卵（图2-6）。若逾期不产卵，可视亲鱼的反应情况追加注射1~2次。催产亲鱼雌雄比例一般采用雌鱼∶雄鱼为1∶(1.5~2.0)，雄鱼太少将影响雌鱼发情产卵，或导致滞产，影响产卵和受精。若雄鱼状况良好则可提供更多的雌鱼使用。

一、自然产卵受精

亲鱼经过催产后，移入产卵池，不间断流水。经过一定的时间，雌雄亲鱼出现相互追逐的现象，水面常出现大的波纹或浪花。雌雄亲鱼不时露出水面，多尾雄鱼紧紧追着雌鱼，有时并用头部顶撞雌鱼的腹部，发情高潮时，雌雄鱼尾部弯曲并颤抖着胸、腹鳍产卵、射精（图2－6）。

图2－6　鲻鱼亲鱼在产卵前追逐

在产卵池收卵槽上挂上一个收卵网箱，通过水流的带动，将受精卵集于收卵池中，再将收卵网箱中的受精卵用小盒或手抄网移到孵化池中孵化。

二、人工采卵授精

当亲鱼在产卵池里发情时，即将亲鱼网上检查，用手轻压雌鱼腹部，发现有卵粒流出，即放入亲鱼夹中；同时也把雄鱼放入亲鱼夹中，腹部朝上，用手轻压腹部检查是否有精液；见有精液，用吸管吸出。另一人提起雌鱼，头向上，尾部向下，在将精液滴入产卵盆的同时，把卵挤入盆中。用干净的羽毛轻轻把盆中的精卵搅匀（图2－7）。

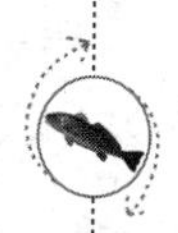

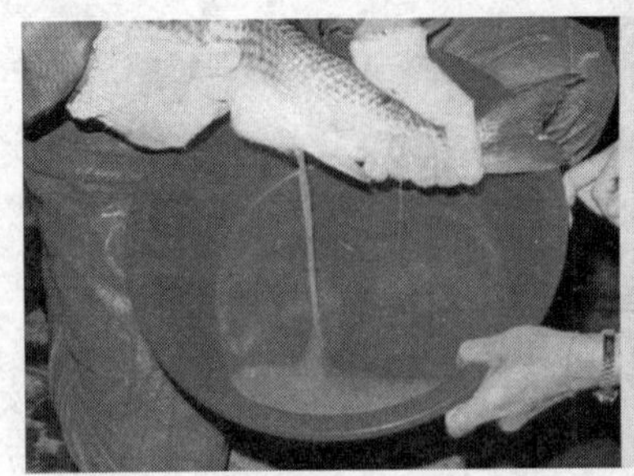

图 2－7　鲻鱼人工采卵授精

三、鱼卵计算方法

1. 重量法

先称产出卵的总量再乘以单位重量鱼卵的粒数（或将雌亲鱼产卵前后的体重之差乘以单位重量鱼卵的粒数）即得总产卵量。

2. 容量法

在水洗前（未吸水），先用量杯量出全部卵子的体积，再乘以单位体积的卵数即得。对于已吸水膨胀的卵，可用一定容器（常用碗）过数，再乘以单位容器的卵数即可。

第五节　孵化

当以人工催产方式收集受精卵后，受精卵需置于水温为 22℃左右的孵化桶或孵化池中，当孵化水温低于 17℃时，胚胎发育缓慢或停止发育，24℃以上时孵化率低且多畸形。用海水孵化时，盐度最好维持在 30～32，若盐度低于 15 时，孵化率低，若盐度低于 10，即使能孵化出鱼苗也无法成活。孵化期间的溶氧量维持于 5 毫克/升以上时，孵化率可达 80%以上；当溶氧量低于 4.5 毫克/升时，孵化率将低于 20%，甚至完全死亡。孵化密度不宜过高。每升水体中约放 3 000 粒即可，若依正常方式进行孵化工作，鱼苗将会于受精后48~50小时孵化出膜。

鲻鱼卵属于浮性卵。卵膜薄而富有弹性，卵黄为无色透明，具有单个微黄色的油球。成熟卵的卵径为918~994微米，油球直径为306~337微米。卵排出体外后，呈分散游离状态而悬浮于稍为动荡的海水中，如果将卵移入少量静止的水体内，则下沉在容器的底部，经搅拌又浮至水的表层。

鲻鱼卵属端黄卵，它的分裂类型为局部卵裂中的盘状分裂。在水温17~22℃，相对密度为1.018~1.020的情况下，鱼卵受精后约45分钟，卵周隙逐渐形成，原生质已向动物极集中，胚盘显著突起。受精后1小时25分钟开始第一次分裂，将胚盘纵裂成2个大小均等的分割细胞。又经55分钟，第二次分裂成4个等大的细胞。以后胚盘部分继续分裂，约每隔1小时分裂一次，由四分八、八分十六……细胞数目不断增加。受精后10小时20分钟，由于细胞分裂的结果，胚盘约占发育卵子整个表面的1/3左右，其上皮细胞几乎笼罩住整个动物极部分，此时即囊胚期，细胞继续增多，并朝着植物极方向外包卵黄。卵受精后11小时5分钟，胚盘在平面上继续向植物极生长，并且细胞层变薄，但其边缘部分却逐渐增厚，形成胚环，即开始进入原肠期。经过12小时45分钟，胚盘再往下外包，并且内卷开始分化为胚盾，胚盾亦已出现。经过17小时40分钟后，下包卵黄径4/5强，可看到大的卵黄栓，此时胚盾伸长已具有鱼体的雏形（胚体）。又过1小时，胚体延伸至卵黄径的2/5，原口形成。从受精21小时15分后，原口关闭，视囊原基初现，胚体包围卵黄囊1/2弱，并出现12个肌节，此时进入神经胚期。经过22小时55分，胚体包围卵黄囊3/5强，视囊明显，胚体后端出现克氏泡，肌节增加为16节。又过4小时35分，胚体延伸至卵黄囊的4/5，心脏原基出现，尾芽初生，脊索已形成。再过4小时55分钟，心脏开始跳动，每分钟跳71次。受精后35小时50分钟，克氏泡消失，尾芽延长，并与卵黄囊分离，胚体时而抖动，已包围卵黄囊5/6，肌节增多，油球增多，油球上出现6个星芒状的褐色细胞。经37小时20分钟，尾芽延伸近头部，胚体每

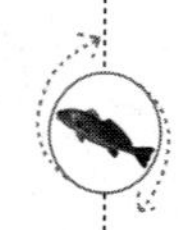

隔3分钟扭动2次，心跳每分钟76次。又经过8小时20分钟，胚体几乎包围整个卵黄囊，并且扭动频繁，心跳每分钟130～135次。自受精后，经48小时5分钟，仔鱼破壳而孵出，鱼体细长，全长约2.065毫米，腹部有一椭圆形的卵黄囊，油球略偏近于卵黄囊的后端（图2－8）。

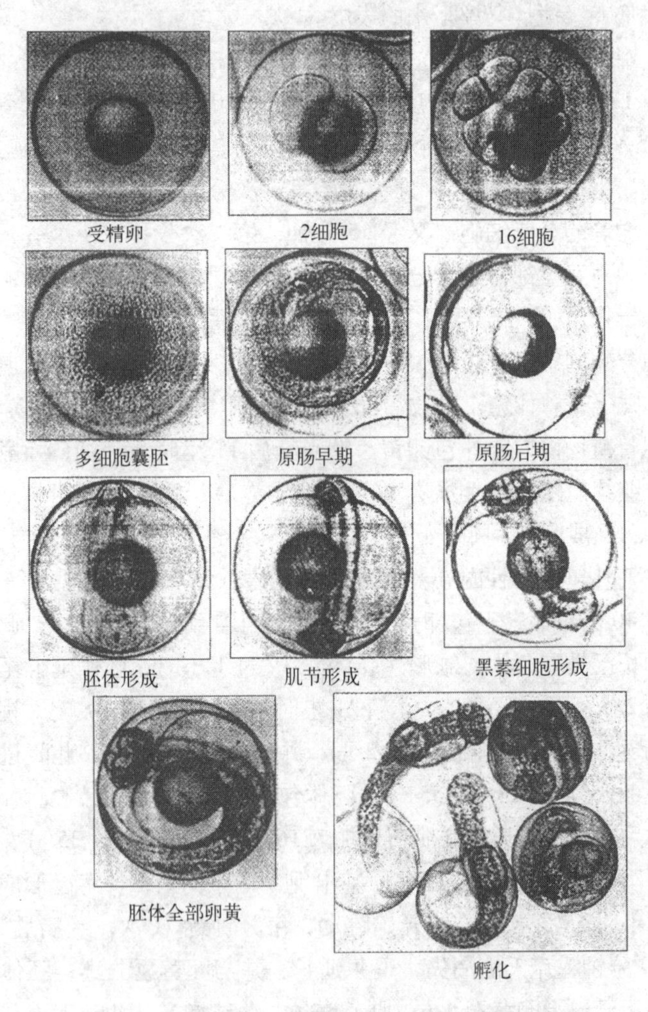

图2－8　鲻鱼的胚胎发育

第六节　仔、稚、幼鱼培育

一、室内水泥池培育

1. 饲养管理

鲻鱼育苗池水温控制在20℃以上，盐度与孵化水相同，初孵仔鱼放苗密度为每立方米水体2万～4万尾；在放苗的同时，接种小球藻和轮虫，密度为小球藻30万～40万个/毫升和轮虫5～15个/毫升，每2平方米育苗池底设气石一个，连续进行充气；仔鱼开口摄食后，每天投喂1次，按仔鱼发育阶段投喂不同的饵料。孵化后第21天起投喂卤虫无节幼体，密度为2～3个/毫升，同时混合投喂适量的轮虫和（或）桡足类、裸腹蚤幼体，每日投喂1～2次（视仔稚鱼摄食量而定），以饱食略有残饵为限，在稚鱼后期投喂少量配合饲料，逐渐过渡到完全投喂人工饲料。

在培育过程中要定期吸除池底的污物，从放苗后第7天起，开始排换水，前期可每3天吸污一次，换水量为池水的1/3，中期每2天可吸污1次，换水量为池水的1/2，后期每天吸污1次，换水2次，每次各换1/3。换水时需保持水温稳定，注意温差不超过2℃。同时可在鱼苗开口摄食后10～15天借换水时添加淡水以降低盐度，但至鱼苗成长至3厘米时池水的盐度不要低于10。

2. 仔鱼营养、食性和口径的发育

在温度为（22.2+1.0）℃的条件下，鲻鱼仔鱼的卵黄囊期持续至9～10日龄。第3日龄前仔鱼的营养完全依靠卵黄囊，为内源性营养期，第4日龄，卵黄球全部被吸收，仔鱼开口，经过短时间的摄食练习后开始摄食，从这时起至第8日龄，每次摄食量从最初的1～5个轮虫增加至5～17个，仔鱼的营养来自残余的油球和外界饵料，这是混合性营养期。第9～10日龄，油球消失，仔鱼的营养全部从外界摄取，每次摄食量迅速增加，进入外源性营养期。

随着鱼体的生长和口径的发育，仔鱼依次摄食适口饵料，即轮虫、卤虫无节幼体、桡足类和枝角类，为动物食性。24 日龄以后，除了摄食浮游动物外，还刮食池壁和池底的附着藻类和碎屑，从纯动物食性转换为动、植物混合食性。第 41 日龄，幼鱼以藻类和人工饲料为主要食物，为纯植物性食性。

仔鱼开口时全长达 3.23 ~ 3.55 毫米，口裂达 0.221 4 ~ 0.336 1毫米，但未有摄食功能；口裂发育很快，口径迅速增大，并变得可以活动。初次摄食时仔鱼全长达 3.49 ~ 3.61 毫米，口径达 0.467 6 毫米，在转变为纯植物食性之前，按照口径的 50% ~ 75% 的开口率选食适口饵料。

3. 鲻鱼的发育期和变态行为（图 2 - 9）

（1）**仔鱼期**　孵出后 8 ~ 9 日龄，全长达 3.61 ~ 4.16 毫米以前的仔鱼为卵黄囊期仔鱼，特征是具有 1 个卵黄囊。仔鱼完成口、消化道、眼、胸鳍及其他内部器官、系统的初步发育，尾鳍原基出现，建立巡游模式，出现初次摄食，经历了内源性营养和混合

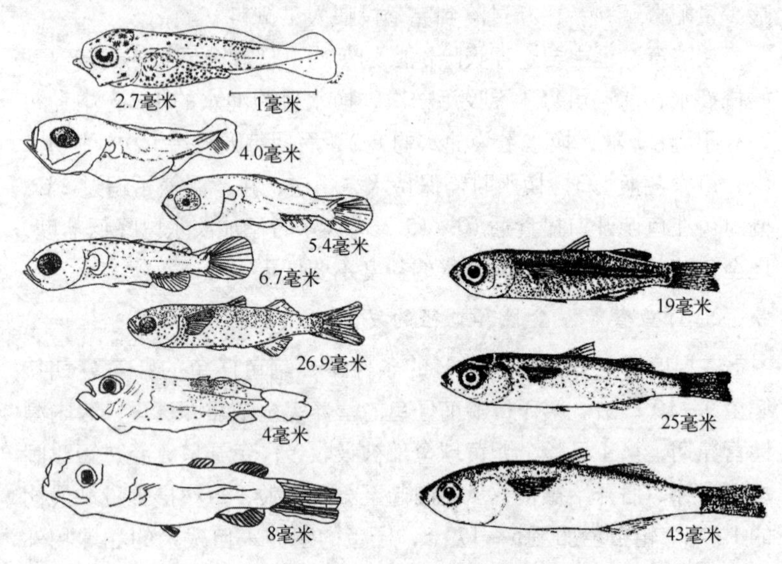

图 2 - 9　鲻鱼仔、稚、幼鱼形态发育

性营养两个阶段。卵黄囊消失，完全依靠外源性营养，即标志着后仔鱼期的开始。发育时间从第9日龄至24日龄，全长发育至7.81～8.55毫米；各鳍发育基本定型。开始分枝；鳞被基本形成，血液红色，身体变得不透明，集群、游泳和捕食能力渐强；摄食浮游动物，后期开始刮食，经历了动物性和动、植物混合食性两个阶段。

（2）**稚鱼期** 当鳍条发育基本上达到该种的定数（背鳍Ⅳ，9；臀鳍Ⅱ－9），鳞被除各鳍鳍基外全面生成，仔鱼即变态为稚鱼。运动特征是环绕桶（池）壁持续疾游，抗流性强。此期稚鱼从25日龄开始至35日龄，全长从8.39～11.07毫米发育至15.69～17.0毫米；外形似成鱼，会跳跃；各鳍分节，背鳍达到Ⅳ，Ⅰ－8，尾鳍凹入形；鳞被最后覆盖全身；脂眼睑形成。摄食浮游动物和附着藻类，为动、植物混合食性。

（3）**幼鱼期** 至41日龄，鱼体全长达到17.5～25.0毫米，自此，鱼体已完成鳞被和鳍的发育（鳍的分节和分枝完成，臀鳍达到Ⅲ－8，尾鳍叉形），即进入幼鱼期。幼鱼的体色、形态、习性等各方面与成鱼一致。摄食附着藻类和人工饲料，为植物食性。

4. 鲻鱼的变态行为

鲻鱼仔鱼即将进入稚鱼期时，在水的上层聚集于充气处周围，试图逆水冲过水流，呈趋流性。初时只能在离充气处较远范围逆冲，速度较慢，并且总是失败。渐渐地越来越靠近阻力较大的充气中心逆冲，速度也变快，而且距离气中心越近，逆冲仔鱼的个体越大。当仔鱼一旦成功地顶水冲过水流，即变态为稚鱼。这种顶水功能是与仔鱼形态和生理发育达到突进程度相适应的。稚鱼具有持续、快速的游泳和避敌能力，能环绕池壁逆水向前疾游，对外界刺激反应迅速，喜欢在底层活动。

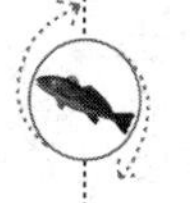

仔鱼变态为稚鱼是一个质变过程，在变态过程和稚鱼期，仔、稚鱼对环境变化和外界刺激特别敏感，往往一点微小的刺激便会使仔鱼受惊吓而死亡。同时，一些抵抗力弱的仔、稚鱼，由于不能忍受这种生态转变而被淘汰。因此育苗时常有很多仔、稚鱼在

水中翻滚、打转和挣扎，最后下沉死亡。

二、室外土池培育

1. 鱼苗培育

自平游开口的仔鱼起，培育25～30天左右，使体长达到2.5～3厘米鱼苗的培育过程，称做鱼苗培育。

2. 环境条件

土池面积为1～3亩，水深以1.2～1.5米为宜。堤坡应大些，池底应平坦，淤泥要少5～10厘米。附近应有咸淡水水源。在鱼苗放养前要经过修整，并用药物清塘。室内水泥育苗池为长方形，每个水池体积为15～30立方米，池深为1.5～1.7米，池底平坦，并向排水的一端倾斜。育苗池应附设进排水、充气、加温等工厂化育苗装置，并设动、植物饵料培养设施。鱼苗投放前育苗池必须严格清池。

3. 施肥调水

鱼苗下塘前一周左右注入新鲜海水或咸淡水（盐度应接近孵化用水），使水深至40～60厘米左右。进水时要在进水口用筛绢网滤水，防止野杂鱼及其卵子等随水流入池内。注水后即向池中施放基肥以繁殖浮游生物。为了使小型的浮游动物饵料在池中适时出现，供早期鱼苗摄食，施肥宜在鱼苗下塘前4～5天进行。

室内水泥育苗池要砂滤或网滤海水入池，并施肥、接种、繁殖单细胞藻类，继而繁殖小型浮游动物，供鱼苗摄食。

4. 试水、放苗

鱼苗放养及下塘要适时，应在鱼体平游、开口后及时放入鱼苗池。用药物清塘的池塘，鱼苗下塘前1～2天需进行试水。试水成功后进行放养，土池放养密度以每亩水面放养鱼苗8万～15万尾较好，室内水泥育苗池投苗密度为5万尾/立方米左右为宜。鱼苗下塘时，应注意孵化水温与池水温度相差不超过3℃以上。应顺风放鱼苗，以免被风吹到岸边上。鱼苗下塘后应轻轻搅动池水，以免鱼苗集中在一起，操作时应特别小心。

5. 饲养管理

（1）**水环境** 水温应保持20～27℃，以23～24.5℃为最好。盐度应保持在15，溶氧量应保持在5.0毫克/升以上。定期缓慢添换水，保持水质清新。注水时要用密网过滤，以防止野杂鱼及鱼卵、其他污物随水流进入池中。

（2）**合理投喂** 早期以施肥培饵和泼豆浆为主，后期可用豆饼糊、花生饼糊、玉米面糊及人工配合饵料等直接喂鱼苗。鱼苗入池后，应根据水色和池内浮游生物的数量，及时施加追肥。一般每5天左右追肥一次，并以每天施放1千克黄豆的豆浆/亩（以80～120目筛绢网滤除豆渣）和15个蛋黄的用量泼撒入池。也可繁殖轮虫补充投喂。入池3天左右可加投卤虫无节幼体。当鱼苗长到1.5～2厘米，开始摄食植物性饵料，可将上述饵料，均匀地撒在池边浅水处，幼鱼的日投饵量，可为体重的5%～8%左右。

（3）**日常管理** 每天清晨和傍晚应巡池，观察鱼苗活动状况和水色变化情况，以便确定施肥与投饵的数量及预防鱼病的发生。

（4）**拉网锻炼和出池** 鱼苗在土池中培育25～30天左右，体长可达2.5～3厘米，此时应经拉网锻炼后，及时将鱼苗分塘进行培育。拉网锻炼选择晴朗的09：00—10：00进行，如有“浮头”，应待恢复正常后进行，如遇暴雨等恶劣气候，不论正在扦捕与否，均应停止。每次拉网前均需停饲料。拉网（图2－10）操作应小心，避免损伤鱼体。

图2－10 鱼苗拉网锻炼

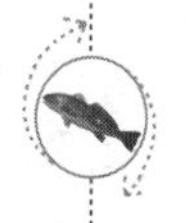

第三章　水质调控技术

内容提要：水温；溶解氧；盐度；pH 值；水色和透明度；氨氮、亚硝酸盐和硫化氢；水产养殖中水质测试盒的使用方法。

鲻鱼养殖的成败，关键取决于水质。无论是海水、咸淡水还是淡水，都有很多因素直接或间接影响着鲻鱼的健康与存活。

在鲻鱼养殖生产中，养殖水体既是鲻鱼的生活场所，也是粪便、残饵等的分解容器，又是浮游生物的培育池，这种“三池合一”的养殖方式，容易造成“消费者、分解者和生产者”之间的生态失衡，造成水中有机物和有毒有害物质大量富积，这不仅严重影响鲻鱼的生存和生长，而且成为天然水域环境的主要污染源之一。因此，如何保持水环境的生态平衡，是鲻鱼养殖优质、高效的关键技术。渔谚有“养好一池鱼，首先要管好一池水”，这是十分恰当的比喻。

要做好水质调控，首先要了解池塘的主要水质参数。而目前一些养殖者不了解养殖水质的基本参数（如溶解氧、盐度、pH 值、总铵、亚硝态氮等），很难给予针对性的水质调控。如果请推广站技术人员采用专用仪器测定，尽管测试数据精确，但不可能同时为大量的养殖户服务，更不能适应池塘水质不断变化、要按时测定的要求。养殖户采用简易水质分析器，就可及时了解水中 pH 值、盐度、溶解氧、总铵和亚硝态氮等的变化情况，及时采取相应的技术措施。

第一节 水温

水温是影响鲻鱼生长最重要的因素之一。温度不仅直接影响鲻鱼的生理活动，而且也影响到水体其他物理条件的变化。当水体温度低时，水中的溶氧量相对较高。水体温度高时，水中的溶氧量相对较低，鱼的耗氧增高，呼吸加快，同时由于水温的升高，池塘中其他耗氧因子的作用加强，会直接影响到水体的溶氧度，有时会产生池塘缺氧的情况。

鲻鱼对水温的适应能力很强，能在水温为3~35℃的水域中生活，最适水温为12~25℃，致死水温为0℃。一般来说，鲻鱼能耐高温，而对低温表现敏感，在自然海区中，当水温开始变冷时，便出现离岸洄游。在池塘养殖条件下，冬季当水温下降到9℃时，鲻鱼开始表现不适，有时呈侧卧状态。

郭钦明等（1973）的试验发现，水温能促进卵母细胞卵黄发生，使其趋向机能性成熟。水温在17℃时，卵母细胞发育受到影响，仅停留在卵母细胞发育Ⅲ期，出现卵黄沉积现象。采用水温保持21℃与延缓光照期相结合的方法，能诱导卵母细胞发育趋于性成熟，是一种最有效的方法。

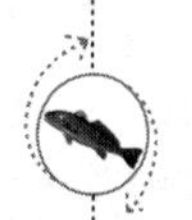

鲻鱼能孵化的水温是11~24℃，适宜的水温是18~24℃，最适水温是22℃左右。水温25℃以上通常死亡超过90%。在适宜水温范围内水温越高孵化速度越快（表3-1）。

表3-1 水温与鲻鱼受精卵孵化速度的关系

水温范围/℃	孵化时间/小时	资料来源
17.8（平均值）	60	刘基等（1962）
18.2~19.5	60	Yang等（1962）
19.5（平均值）	48	刘基等（1962）
21	60~65	廖一久等（1970）

续表

水温范围/℃	孵化时间/小时	资料来源
19～22	48～53	郑镇安等（1986）
19.1～20.4	57	李加儿等（1998）
20～24.5	59～64	唐允安（1964）
22	48～50	郭钦明等（1973）
22.7～23.3	40～49	Sylvester 等（1975）
22～23	40～44	Yashouv（1970）
23～24.5	24～28	廖一久等（1970）
24	26～28	郭钦明等（1973）

鲻鱼的仔鱼培育在水温为20～27℃中死亡率最低，培育效果最好。水温22℃时摄食量多，20℃摄食量开始减少，水温17℃时则停止摄饵。纳斯等（Nash，1974）的试验发现鲻仔鱼能忍受的水温是18.9～25.39℃，有些仔鱼在低温15.9℃和高温29.1℃中仍能生存。但在水温23～24.5℃中仔鱼成活率最高。在种苗生产过程中，应尽量使水温接近或达到最适温度，维持一定的比较恒稳的水温范围，不使水体温度骤变。温度骤然降低到要求标准以下，可能造成鱼苗成批死亡；温度骤然升高到要求的标准温度以上，会造成鱼卵或卵发育过快，致使孵出的鱼苗体质不强；如果是鱼苗池的水体温度骤然升高，也可能造成鱼苗种群整体死亡。

鲻鱼的繁殖期在我国正值冬季，而繁殖所需的水温在20℃以上，盐度要求在18以上，最好在30左右。因此仔鱼的繁殖场地必须选在海水盐度较高、水质较好，同时又有良好的淡水水源处。交通方便、电力充足也是必备条件。因为整个繁殖育苗过程需在加温保温的条件下进行，有地热水或工厂热水更为理想，可以节省能源。沿海现有的对虾苗场冬闲设备也可用来进行鲻鱼人工繁殖。

在养殖过程中，应做好水温的调控。要注意天气预报和天气变化，并于每天使用水温计测量水温至少两次。一般在06:00—

07:00和16:00—17:00各测量一次。如发现异常应及时采取措施。

（1）**低温调节** 对一般养殖池塘水温的控制要求达到预计的规定温度范围，提温方法主要有：①春季水温较低时，为了使池水尽快升温，不加入过深的水，前提是池塘放养的生物负载量较少。例如预计成鱼养殖期要加入水1.6米深，初放入鱼时先加水到0.8～1.0米深，以使太阳光充分加温水体使水温升高。以后逐渐再增加池水深度。②池塘边尽量减少遮阳植物。③进水时经过长时间曝气或流程，提高水温后再进入池塘。④利用热水进入池塘直接提高水温。

（2）**高温调节** 提高鱼池水位至1.5米以上，有条件的地方可提高到1.8米以上，减少鱼池的积热。增加进排水量，并使池水流动，以扩散热气。每天应换水1/3以上。在水温高峰时，应充分利用进水闸灌入新鲜海水。由于潮汐原因无法自然进水的池塘，可用离心泵或潜水泵提水，并将鱼池排水闸的闸板提起5～10厘米高，使之一边进水，一边小量排出底层水。这样既可以使鱼池底层保持较清洁的水环境，又可以通过池水的流动达到散热的目的。同时，要注意准确掌握投饵量，在高温期，鱼食欲降低，要防止投喂过多，池底积累残饵，使水质受污染。

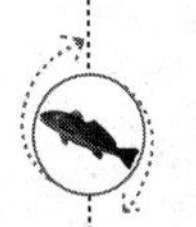

第二节 溶解氧

鱼类必须在有氧的条件下生存，缺氧可使其浮头并致死。因此，溶解氧是鱼类的生命元素之一。

鲻鱼胚胎呼吸旺盛，且对缺氧耐力差。因此，对海水中溶氧含量要求较高，在氧气充足的情况下达到理想的孵化率。当水中氧气不足时，会引起发育迟缓、停滞，造成鱼苗畸形或死亡。据锡尔韦斯特等（Sylvester，1975）试验表明：鲻鱼受精卵在溶解氧浓度为5.0毫克/升时，孵化率为81%～98%。当水中溶解氧浓度为4.5毫克/升以下时，孵化率降低为0%～21%，为了使孵化时氧气

充足，要强烈充气，充气率不能少于10%，这样加速孵化有利提高孵化率。在水温、盐度适合的情况下，氧气充足，一般孵化率可达90%～95%（表3－2）

表3－2　不同溶氧量对鲻鱼卵的影响

（水温19.5～20.5℃；盐度32）

平均含氧量及范围/（毫克/升）	试验时间/小时	平均成活率及其范围/%
1.0（0.2～1.8）	24	0
	48	0
2.5（2.0～3.0）	24	0
	48	0
3.5（2.7～4.3）	24	5（2～8）
	48	0（0～0）
4.5（3.7～5.3）	24	17（13～21）
	48	3（1～5）
5.0（4.5～5.5）	24	85（81～94）
	48	85（83～87）
6.0（7.6～5.6）	24	90（86～94）
	48	85（82～88）
8.0（7.6～8.4）	24	90（84～96）
	48	90（82～98）

鲻鱼耗氧量较高，池中含氧量为2毫克/升以上，活动正常，当含氧量降低至0.87～1.75毫克/升，便产生“浮头”现象。当池中溶氧量下降为0.52～0.72毫克/升，鱼苗昏迷、窒息而死亡。

水中溶解氧的测定，一般采用碘量法，而便携式溶解氧仪以其便于携带，适合现场测定，干扰少，测速快而受到越来越多用户的欢迎。但是由于便携式溶解氧仪的分析测试原理和方法与国标碘量法有所不同，因此判定其分析方法的准确性和可靠性必须与国标方法进行比对实验（图3－1）。

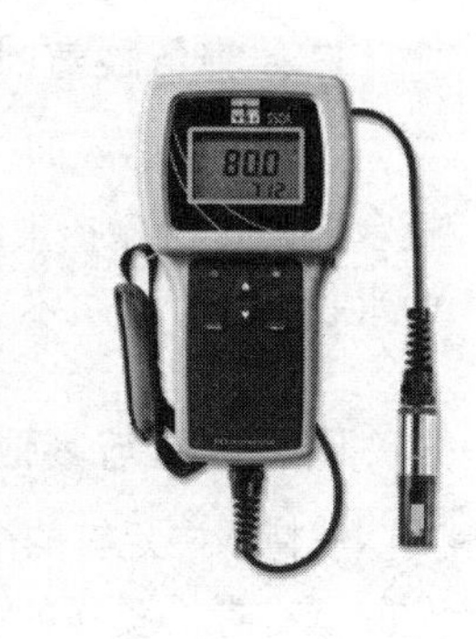

图3－1　用碘量法测定水溶解氧（左）和便携式溶解氧仪（右）

一、鲻鱼养殖水体的溶氧要求

一般来说，鲻鱼养殖水体中的溶氧量应保持在5～8毫克/升，至少应保持4毫克/升以上。若溶氧低轻则使鱼类生长变慢，易发疾病，重则“浮头”死亡；而溶氧过高又会引起鱼气泡病。

二、导致水中溶氧不足的原因

1. 温度

氧气在水中的溶解度随温度升高而降低。此外鲻鱼和其他生物在高温时耗氧多也是一个重要原因。

2. 放养密度

养殖池中鲻鱼放养密度越大，生物的呼吸作用越大，生物耗氧量也增大，池塘中就容易缺氧。

3. 有机物的分解耗氧

池中有机物越多，细菌就越活跃，这种过程通常要消耗大量的氧才能进行，因此容易造成池中缺氧。

4. 无机物的氧化作用

水中存在低氧态无机物时，会发生氧化作用消耗大量溶解氧，从而使池中溶氧量下降。

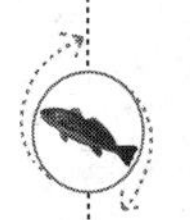

三、鲻鱼缺氧时的反应

池水轻度缺氧时，鲻鱼出现烦躁不安“浮头”，呼吸加快，少摄食或停止摄食；重度缺氧时，会导致死鱼，造成损失。如池塘中水长期处于溶氧不足状态下，鲻鱼生长会停止。

四、溶氧与其他有毒物质的关系

保持水中足够的溶解氧，可抑制生成有毒物质的化学反应，转化降低有毒物质（如氨、亚硝酸盐和硫化物）的含量，例如：水中有机物分解后产生氨和硫化氢；在有充足氧存在的条件下，经微生物的氨氧分解作用，氨会转化成亚硝酸再转化成硝酸，硫化氢则被转化成硫酸盐，产生无毒的最终产物。因此，养殖水体中保持足够的溶解氧对水产养殖非常重要。如果缺氧，这些有毒物质极易迅速达到危害的程度。

五、增氧的方法

1. 注入新水

定期注水是调节水质和增氧最常用的也是最经济适用的方法之一。一般每 7 ~ 10 天加注新水一次，每次加水 15 ~ 20 厘米。夏天高温季节，水质变化更快，宜采用换水措施，有条件的地方每次可换水 1/3 ~ 1/2。

2. 机械增氧

增氧机的作用不仅是为了防止养殖鱼类缺氧浮头，更重要的是促进池内的物质循环、改善池塘的水质和底质条件，为养殖鱼类创造一个良好的生态环境，防止疾病，促进生长，提高产量。为此，不能机械地每天定时开机，而是应根据天气、水质、底质及水化条件，有的放矢地开机。目前采用的增氧机有充气式、水车式、叶轮式、钢梳式、喷水式、射流式等。

（1）**充气式增氧机**　是在排出的气泡上升过程中，一部分溶入水中，适合较深的池塘使用。喷水式使喷出的水呈降雨状落下，与空气接触达到增氧目的，只适于水浅的池塘。

（2）**水车式** 利用电机带动水车叶轮击水，结构简单，维修方便。适用于较浅水（水深1.5米以内）的池塘，因水流具有方向，易将废物集中于池中央以利排污，且不会将池底污物泛起的特点，故适于正方形（或圆形）精养池（图3－2）。

图3－2 水车式增氧机

（3）**叶轮式** 增氧效果好，动力效率高，适于较深的池子，工作时靠叶轮旋转，搅动水体，促使水层上下对流，使整个水体的溶解氧趋向均衡，但水流不定向，对中央排污的池子不适宜，且在浅水池中使用易搅起池底（图3－3）。

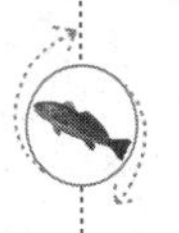

图3－3 叶轮式增氧机

（4）**射流式** 由潜水泵和射流管组成，工作时，水泵里的水从射流管内喷嘴高速射出，产生负压而吸入空气，水和气在混合室内混合后，以45°角将空气直接充入水中，且因其在水面下没有转动的机械，不会伤害鱼体，很适用于放养密度大的深水（水深大于1.5米）池塘（图3-4）。

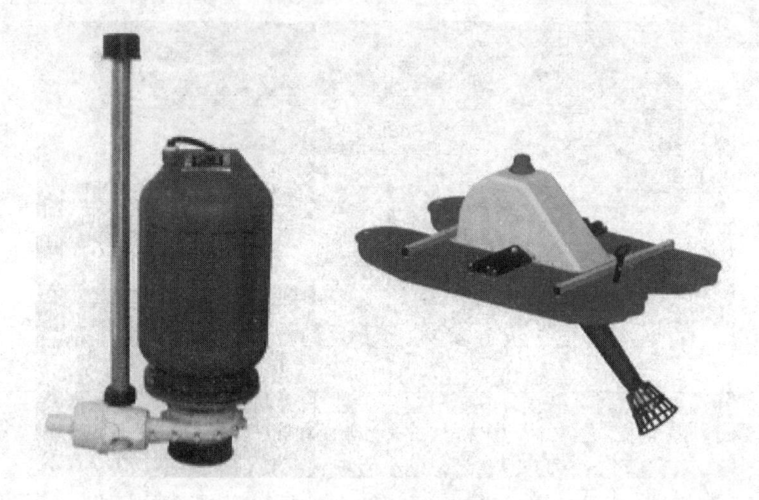

图3-4 射流式增氧机

在晴天时，由于热阻力的作用，池水不能上下对流，形成溶解氧和温度的分层，表层丰富的溶解氧不能扩散到底层。此时如开动增氧机，可促进池水的上下交流，利用表层的氧盈去抵还底层的氧债，改善池底条件，所以，在光合作用较强的中午前后开机是非常必要的。傍晚开机，使上下水层提前对流是无益的，它会增加耗氧水层和耗氧量。所以，一般应在午夜以后或黎明前开机增氧。阴雨天，由于浮游植物光合作用减弱，造氧减少，加之气压低，减少了空气中氧向水中的溶解，池塘很易缺氧，此时，应及早增氧，以增加增氧机的充氧作用。当然，在鱼"浮头"时更应及时开机。在池塘施肥后，特别是施有机肥及大量投喂活饵料时，都应增加增氧时间。

综上所述，开增氧机的原则是：晴天中午开，阴天清晨开，连绵阴雨半夜开。傍晚不开，“浮头”早开，无风多开，有风少开，高温多开，低温少开或不开。

3. 使用增氧剂

在换水和机械增氧条件不具备或紧急情况下可泼洒增氧剂增氧，增氧剂有液体增氧剂和固体增氧剂，常用的有过氧化钡和过氧化钙等。其作用是以提高给氧物质的含量，增加给氧效率；使用氧原子含量高的增氧剂，提高氧化能力，降解氨、亚硝酸等还原性物质；使用表面活性剂，可降低水体的表面张力，增加氧气溶解速度。由于各厂家生产的增氧剂所含成分不同，使用时应遵照其产品说明应用。

第三节 盐度

鲻鱼为广盐性鱼类，对盐度的适应范围极其广泛，海水、咸淡水和纯淡水中均能生活。鲻鱼多栖息在盐度30以下的水域中，一般对盐度的适应范围为0~40。但也发现它可在很高盐度的水域繁衍，曾有报道，在某些咸水湖盐度高达83的水里仍有鲻鱼。幼鱼对低盐度的水流有强烈的趋流性，极喜欢逆流而上到咸淡水交界的河口。因此，在咸淡水地带易捕获到大批鱼苗。从养殖成鱼的角度来说，养殖池水以半淡咸水更适宜，鱼的生长快，产量高，且肉质特别鲜美。

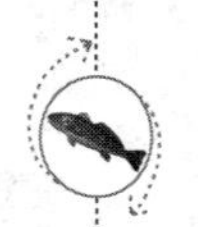

鲻鱼可以在淡水中生长，但是，其性腺的正常发育需要一定盐度环境。鲻鱼产卵最适宜的盐度是32~35，在地中海东部，鲻鱼产卵盐度可达39，而在红海北部曾有记载，鲻鱼能在盐度41的海水中产卵。在厦门鲻鱼催产的盐度为25. 48~28. 19，可获得产卵。

鲻鱼在淡水水域中鱼体会受到环境因素影响，体内缺少促性腺释放激素因子即排卵激素与卵巢类固醇，影响脑垂体释放促性腺激素，使雄性激素于卵巢内大量累积，使得雌性鲻鱼的生殖腺无法达到最终成熟与排卵，故若平时放养在淡水或咸淡水中的亲鱼，

在产卵前需将池水盐度提高到 32～35，或将亲鱼从低盐度水池移到高盐度的水池中。

在以色列和我国台湾省，养殖在淡水中的鲻鱼经过适当时间的海水过渡，均获产卵和人工繁殖的成功。同时发现采用池养亲鱼要比自然海区捕来的亲鱼较容易产卵。

鲻鱼的受精卵的孵化盐度是 24.39～35.29。但是，在盐度为 24.39 时，受精率低于 32%，在盐度为 35.29 时，受精率也低于 10%。鲻鱼孵化最适宜的盐度是 32～33。锡尔韦斯特等（Sylvester，1975）试验也证明这种情况（表 3－3）。从表 3－3 中可看到盐度 28 以下成活率明显降低。可能鲻鱼卵对盐度的要求，与亲鱼栖息的盐度有关，福建厦门杏林湾鲻鱼卵在盐度 23.66～27.51，获得良好的孵化率。

表 3－3　鲻鱼卵在不同盐度水中的孵化情况

（水温为 19.5～20.5℃）

盐度	试验时间/小时	成活率（平均和范围）/%
32	24	91（83～99）
	28	90（86～94）
30	24	81（73～89）
	48	79（74～84）
28	24	38（32～44）
	48	38（36～40）
26	24	10（5～15）
	48	9（6～12）
24	24	6（2～10）
	28	5（1～9）

仔鱼的发育和成活率与盐度有密切关系，一般适宜的盐度为 32～35。据锡尔韦斯特等（Sylvester，1975）试验结果表明：在 96 小时的试验中，成活率最高的是盐度 26～28 组。郭钦明等（1971）用海水冲淡水，降低盐度的试验，在孵化后的第 16 天由

盐度32降低到26，更有利于仔鱼的培育。但是，降低盐度要缓慢地适应于渗透压调节。廖一久（1977）认为仔鱼培育前期盐度要稳定，后期慢慢加淡水，仔鱼45天内由原来盐度32.8下降到4.15，更有利于幼鱼的生长。

测量盐度可以使用盐度计、比重计或波美计（图3－5）。由于比重计比较便宜，便于购买，因而在生产中使用得较多。但比重计是玻璃做的，很容易破碎，使用时应予小心。

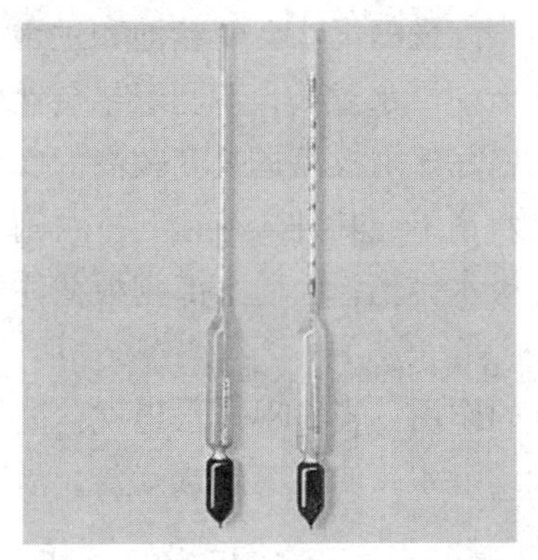

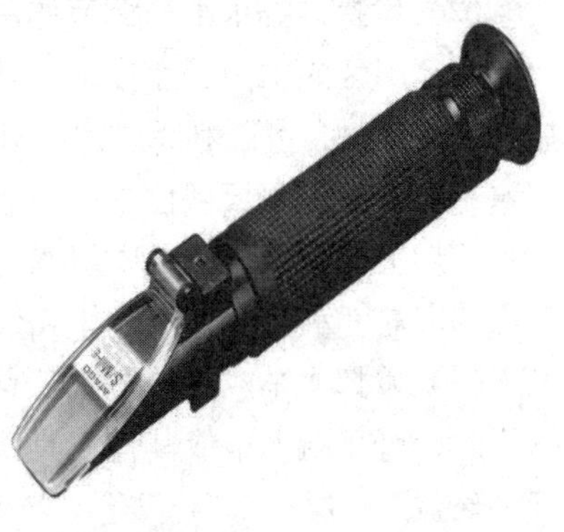

图3－5　比重计（左）和盐度计（右）

由于各地的养殖者对盐度和比重两者之间的换算和表达方式有所不同，为了方便养殖者准确表达盐度，特将其换算公式列出。

1. 在不同水温条件下，海水比重与盐度计算公式

水温高于17.5℃时，

$$S = 1\ 305\ (\text{比重} - 1) + (t - 17.5) \times 0.2$$

水温低于17.5℃时，

$$S = 1\ 305\ (\text{比重} - 1) - (17.5 - t) \times 0.2$$

S为盐度；t为水温，单位为℃。

2. 波美度与比重换算公式（重于水的液体）

$$\text{比重} = \frac{144.3}{144.3 - \text{波美度}}$$

尽管鲻鱼对盐度的适应能力很强，但在种苗繁殖和养殖生产

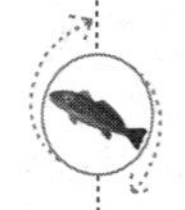

中，水体盐度骤变，也会对鲻鱼造成不适。在雨季，大量的降水使得淡水浮于表层，常会造成池水分层现象，造成底层严重缺氧。因此在生产中应根据不同生产阶段鲻鱼对盐度的要求采取适当的调控措施。

（1）**暴雨前灌满池水**　要注意收听天气预报，做好天气预测，在暴雨来临之前，先将池水灌满，防止暴雨骤降时，由于池水过浅，大量雨水把池水冲淡，导致池水盐度骤降。

（2）**发挥进排水闸的调节作用**　大量的雨水会使鱼池和进水渠道甚至海区的上中层水变淡。当上中层水过淡，不利于亲鱼性腺发育需要时，可以利用进水闸开启底部闸板灌进盐度较高的底层水，而让进水闸板截住上中层淡水，不让其进入鱼池。排水闸则只开启上部闸板，让上中层水的淡水排出，而让下部闸板截住底部的高盐度水，不让其流出。

（3）**发挥水车或其他搅水工具的作用**　当发现池水出现盐度跃层时，可开动水车或其他工具搅动池水，使上下层水对流，从而消除盐度跃层。

第四节　pH 值

海水的 pH 值相当稳定，大都在 8.15 ~ 8.25。但养殖池水的 pH 值变化较大，多在 7.5 ~ 9.0，在特殊情况下，可低于 2 或高于 11。池塘中 pH 值对水质、水生生物和鱼类有重要影响。当 pH 值上下波动改变时，会影响水中胶体的带电状态，导致胶体对水中一些离子的吸附或释放，从而影响池水有效养分的含量和施无机肥的效果。如 pH 值过低，磷肥易于永久性失效；过高，暂时性失效。当 pH 值越高，氨的比例越大，毒性越强；pH 值越低，硫化物大多变成硫化氢而极具毒性，pH 值过低，细菌和大多数藻类及浮游动物受到影响，硝化过程被抑制，光合作用减弱，水体物质循环强度下降；pH 值过高或过低都会使鱼类新陈代谢低落，血液对氧的亲和力下降（酸性），摄食量少，消化率低，生长受到抑制。鱼卵孵化时，pH 值过高（10 左右），卵膜和胚体可自动解体；过低（6.5 左右）胚胎大多为畸形胎。

自然水体对 pH 值有缓冲作用，一般比较稳定。在池塘精养和特殊条件下，pH 值有不同程度波动或大的改变。如池塘淤泥深厚，水体缺氧，pH 值常常偏低或过低；夏季天气晴朗，光照强，水质肥沃，浮游植物量大，光合作用强，在短时间内，pH 值升得很高；或水体受到不同性质、不同程度污染，pH 值过高或过低等。

一般要求 pH 值在 7.5 ~ 8.5，呈微碱性，且日波动小于 0.5。这样对鱼类和其他水生生物有利，对水环境有利。当 pH 值偏高（大于 9）或偏低（小于 7）时均会使鱼类产生不适，生理机能发生障碍，生长受到抑制。

调节 pH 值的方法通常是清除过多淤泥，结合用生石灰清塘，当池水显酸性（当 pH 值小于 7 时）泼洒 10 % 生石灰水（每亩平方米水面，水深 1 米、1.5 米、2 米分别用生石灰 20 千克，25 千克和 30 千克）；也可少量多次用氢氧化钠调节，先调配成 1/100 原液，再用 1 000 倍水冲稀泼洒。经常对池水增氧，特别是高温季节更要经常搅动上下水层；改良池塘环境，采用有机肥与无机肥相结合的方法对池塘施肥；避免使用不同程度污染的水源、水质等。

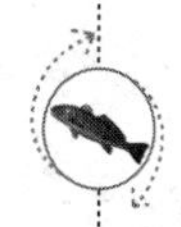

处理 pH 值偏高的方法：①添注新水，同时适量换水；②全池施放明矾，浓度为 2 ~ 3 千克/亩；③使用降碱灵、沸石粉或 EM 液，均可降低 pH 值；④用络合铜控制水色过浓、浮游植物过量繁殖，降低 pH 值。pH 值低的处理办法：①适量换水；②经常施放生石灰，一般每次用量为 20 ~ 25 毫克/升（施放 20 毫克/升生石灰可提高 pH 值 0.5 左右），混水后泼洒；③使用藻类生长素迅速增殖浮游植物，提高池水 pH 值。

pH 的测定方法，最简单的是用 pH 试纸，现一般多用 pH 计测定（图 3 - 6）。

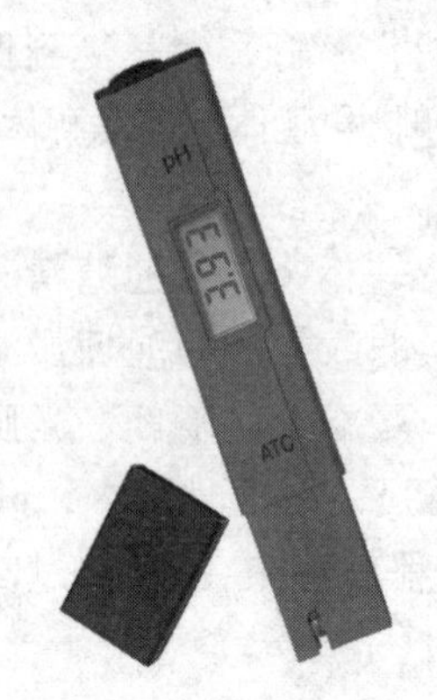

图 3－6　便携式 pH 计（左）和台式 pH 计（右）

第五节　水色和透明度

养鱼先养水，培养优良的水质给鱼类提供一个良好的生长环境，有利于养殖生产的顺利进行。养鱼池中的水总是呈现一定的颜色。养鱼水体的水色主要是由浮游生物所造成的。透明度表示光线透入水中的程度。用直径 30 厘米的黑白间色圆盘（图 3－7），系上绳子放入水中，到看不清时的深度即为透明度。养殖池塘的透明度主要取决于水体中的浮游生物数量的多少。有经验的人可以根据水色推知池水的浓淡和浮游生物的大致组成，并判断出水质的好坏，据以采取相应的水质调节措施。因此，看水色是养殖的基本功。

图 3－7　透明度测定板

一、水质判断

1. 看水色

肥水水色大致可分为两大类，一类以红褐色（包括黄褐、茶褐色等）为主，一类以油绿色为主（包括黄绿、油绿、蓝绿、墨绿等）。

2. 看水色是否有变化

池塘浮游生物发生日变化和月变化，种类不断更新，池塘物质循环快，这种水称为“活水”。

3. 看是否有水华

由于某种浮游生物在水中大量繁殖形成云彩状的颜色——水华。

4. 看下风油膜

一般肥水池塘下风油膜多、性黏，发泡并有日变化。即下午比上午多，上午呈黄褐色或烟灰色，下午往往带绿色，俗称“朝红晚绿”。

二、池塘常见的优良水色

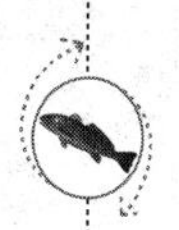

1. 茶色

这种水色反映水体中的单胞藻类主要为硅藻，如角毛藻、新月菱形藻等，这些都是幼鱼的优质饵料生物，生活在这种水体中的鱼生长快，但由于硅藻对环境、气候、营养变化比较敏感，因此，这种水色容易发生变化。

2. 鲜绿色

这种水色反映水体中的单细胞藻类主要为绿藻，如小球藻、扁藻等。绿藻生长稳定，可以吸收水体中大量的氮、磷元素，净化水质效果明显。

3. 黄绿色

这种水色反映水体中的单细胞藻类为绿藻和硅藻共同占主导

优势，多样性比较丰富，兼备了绿藻和硅藻的优点，是养鱼的上好水色。

4. 浓绿色

这种水色常见于养殖中后期，与鲜绿色水色接近，由于养殖中后期水体营养丰富，因此藻类生长旺盛，透明度降低。

三、养殖过程中常见的不良水色和透明度

1. 乳白色

这种水色是由于池中藻类突然死亡，细菌大量繁殖造成的。其分解物是有毒的，透明度越低对鱼类危害性就越大。

2. 清色水

在这种水色的池塘，浮游生物已经死亡，池水清澈见底，无藻类生长，pH 值偏低。这种水色不利于养殖，并容易使鱼患病，甚至死亡。

3. 黑褐色和酱油色

这类水色主要是由于投喂过量，残饵太多，其溶出物使褐藻、裸甲藻等大量繁殖所致。在这类水色中，鱼常发生疾病，重者可致死。这种水的透明度越低，危害性就越大。

4. 混浊色

在这种水色中，泥浆和有机碎屑较多，不利于鱼的生长。

四、改善水色和透明度的措施

1. 换水

对于水色不良的养殖池，可将池水全部换掉，灌进新鲜海水。对于透明度过低的鱼池，也可以通过换水使透明度提高。

2. 施肥

对于水色适宜而透明度过高的鱼池，可通过施肥加以调节。

3. 施用药物

对于出现有害水色，换水条件又较差的鱼池，每立方米水体使

用0.4～0.5克硫酸铜进行毒杀。对于透明度过低的鱼池，也可以酌量使用。而对于曾经发生鱼类死亡的池塘，每立方米水体施用4～5克漂白粉进行消毒。

4. 合理投饵

必须合理计算投饵量，防止残饵过多而影响水质。水色过浓的池塘，大部分是投饵量过多，应适当减少投饵量。

第六节　氨氮、亚硝酸盐和硫化氢

一、氨氮

1. 氨氮来源

鱼类养殖中氨氮的主要来源是沉入池塘底部的残饵、鱼排泄物、肥料和动植物死亡的遗骸。鱼类的含氮排泄物中80%～90%为氨氮，其多少主要取决于饲料中蛋白质的含量和投饲量。根据饲料转化率等有关参数，可以推算氨氮产量是：如输入饲料氮中5%为鱼体所保留，75%被排到水体中，其中溶解性氨氮约占62%，固体颗粒氮占13%。当投入1千克32%蛋白质饲料时，氨氮量为1 000克×0.32/6.25×0.62＝31.7克氮。也就是投喂1千克饲料就有31.7克氮作为氨氮被释放到池水中。

2. 氨氮对鱼类的毒害作用

水体中的氨氮通过硝化作用转化为硝酸盐氮（NO_3-N），或以氮气（N_2）形式逸散到大气中，部分被水生植物消耗和底泥吸附，只有当池水中所含总氮大于消散量时，多余总氮就会积累在池水中，达到一定程度才会使鱼中毒。养鱼池水体氨氮一般不要超过0.2毫克/升。当氨氮含量超过此值后，鱼的正常生理功能变紊乱，食欲不振，生长缓慢，机体的抗病力下降，对环境的适应能力差。严重时甚至中毒死亡。

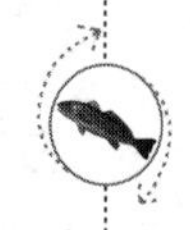

3. 影响氨氮毒性的因素

（1）**氨氮毒性强弱不仅与总氨量有关，且与它的存在形式也有一定关系**　离子氨氮（NH_4-N）不易进入鱼体，毒性也较小，而非离子态的 NH_3-N 毒性强，当它通过鳃、皮肤进入鱼体时，不但增加鱼体排除氨氮的负担，而且当氨氮在血液中的浓度较高时，鱼血液中的 pH 值相应升高，从而影响鱼体内多种酶的活性。导致鱼体出现不正常反应，表现为行动迟缓、呼吸减弱、丧失平衡能力、侧卧、食欲减退，甚至由于改变了内脏器官和皮肤的通透性，导致渗透调节失调，引起充血，呈现与出血性败血症相似的症状，并影响生长。

（2）**氨氮毒性与池水的 pH 值及水温有关**　一般情况下，水温和 pH 值越高，毒性越强。这也是鱼类为什么在夏季、当池水中 pH 值超过 9 时，易发生氨中毒的原因。

4. 控制池水中氨氮含量的处理办法

（1）**适当换水**　抽出底层水 20 ~ 30 厘米，并注入新水，降低氨氮含量。

（2）**用增氧机增氧**　根据不同天气状况在不同时间开增氧机 1 ~ 2 小时，以池水上下交流，将上层溶氧充足的水输入底层，并可逸散氨氮与有毒气体到大气中。

（3）**使用氧化剂**　用次氯酸钠全池泼洒，使池水浓度为 0.3 ~ 0.5 毫克/升；或用 5% 二氧化氯全池泼洒，使池水浓度为 5 ~ 10 毫克/升。

（4）**泼洒沸石粉或活性炭吸附氨氮**　一般每亩分别用沸石粉 15 ~ 20 千克和活性炭 2 ~ 3 千克。

（5）**使用微生物制剂**　用光合细菌全池泼洒，使池水浓度为 1 毫克/升，每隔 20 天左右泼洒一次效果较好。

（6）**保持池中一定水色**　浮游植物能吸收部分氨氮等有害物质。

二、亚硝基态氮（NO_2-N）

1. 来源

它是水环境中有机物分解的中间产物，故 NO_2-N 极不稳定，它可以在微生物作用下，当氧气充足时可转化为对鱼毒性较低的硝酸盐，但也可以在缺氧时转为毒性强的氨氮。温度对水体中硝化作用有较大影响，因不同的硝化细菌对温度要求不同，硝化细菌在温度较低时，硝化作用减弱，在冬季几乎停止，氨氮很难转化为 NO_2-N，因而氨氮浓度较大。当温度升高时，硝化细菌活跃，硝化作用加剧，可将氨氮转化为 NO_2-N。

2. 对鱼类的毒害作用

这主要是由于 NO_2-N 能与鱼体血红素结合成高铁血红素，由于血红素的亚铁被氧化成高铁，失去与氧结合的能力，致使血液呈红褐色，随着鱼体血液中高铁血红素的含量增加，血液颜色可以从红褐色转化呈巧克力色。由于高铁血红蛋白不能运载氧气，可造成鱼类缺氧死亡。

3. 控制池水中亚硝酸态氮的办法

鱼池中亚硝酸盐含量要控制在 0.01 毫克/升以下。处理亚硝酸盐过高的办法：①适量换水；②开动增氧机或全池泼洒化学增氧剂，增加水体溶氧量；③全池泼洒沸石粉，每亩用量 15～20 千克；④施放光合细菌、硝化细菌、芽孢杆菌等微生物制剂；⑤使用亚硝酸盐降解灵。

三、硫化氢

1. 来源

①在缺氧条件下，含硫的有机物经厌气细菌分解而产生；②在富含硫酸盐的池水中，经硫酸盐还原细菌的作用，使硫酸盐转化成硫化物，在缺氧条件下进一步生成硫化氢。硫化物和硫化氢均具毒性。硫化氢有臭鸡蛋味，具刺激、麻醉作用。硫化氢

在有氧条件下很不稳定，可通过化学或微生物作用转化为硫酸盐。在底层水中有一定量的活性铁，可被转化为无毒的硫或硫化铁。

2. 硫化氢对鱼类的毒害作用

水体中的硫化氢通过鱼鳃表面和黏膜可很快被吸收，与组织中的钠离子结合形成具有强烈刺激作用的硫化钠，并还可与呼吸链末端的细胞色素氧化酶中的铁相结合，使血红素量减少，因而影响幼鱼的生存和生长，高浓度会使鱼类死亡。

3. 控制硫化氢的办法

正常情况下，鱼池中硫化氢含量应低于0.1毫克/升，如果含量偏高，应采取如下措施：①增加换水量，尽量排去底层污水污物；②合理投饵，减少残饵；③强力增氧，特别是增加底层水的溶解氧，以利有机物氧化分解；④使用沸石粉等水质改良剂；⑤施放EM液、光合细菌等有益微生物制剂，促进有机物分解。

第七节　水产养殖中水质测试盒的使用方法

通常的水质检测，需要专业技术人员用仪器在实验室中完成，成本高，周期长，并且不能及时就地观测水质变化，给广大养殖者带来诸多不便。目前我国各地已研制出水质测试盒（图3－8），能够快速、准确地在池塘边就地检测水质的一些关键指标，及时掌握水质变化的第一手资料，保证鱼类平安度过养殖期；具有快速准确、容易操作等特点。

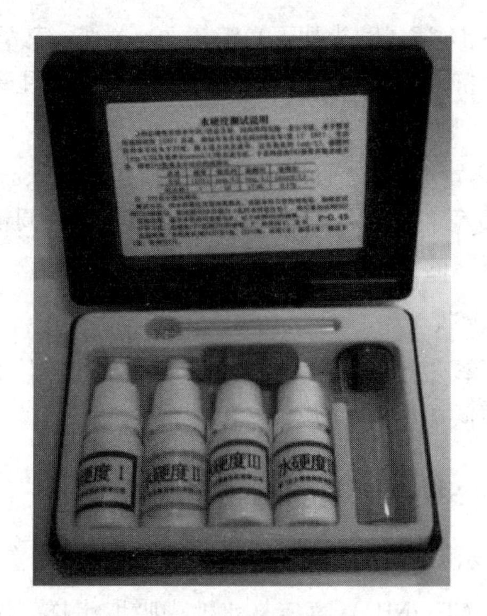

图 3－8　水质测试盒

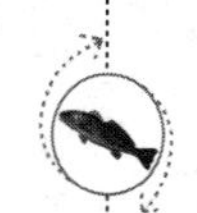

一、酸碱度（pH 值）的检测

1. 检测方法

用 AT－pH 管直接吸取水样，再由 pH 管的颜色和 pH 色板比色，色调相同的色标即是水样的 pH。

2. 结果分析

正常 pH 值：海水养殖 7.5～8.5，淡水养殖 6.5～9。

二、溶解氧（DO）的检测

1. 试剂组合

主剂（AT－O_2）加上 F 剂，共 2 剂。

2. 检测方法

取水样于水桶中，立即用主剂 AT－O_2 管吸取水样，一次要吸满，不留空气。

竖起 AT－O_2管（圆头朝下）静置20分钟，待 AT－O_2管内沉淀完毕，轻轻挤掉 AT－O_2管上半部的水至刻度（注意不要把沉淀物挤出），然后剪去 AT－O_2管封口。

向 AT－O_2管加入 F 剂5滴，轻轻摇至沉淀消失。

由 AT－O_2管的颜色和溶解氧比色卡比色，色调相同的色标即是水样中溶解氧的含量（毫克/升）。

3．结果分析

正常溶解氧为5～8毫克/升。海水溶解氧不低于3毫克/升，淡水溶解氧不低于4毫克/升。

三、氨（NH_3）的检测

1．检测方法

用氨管（AT－NH_3）直接从水池中吸取水样，再由氨管的呈色与氨比色卡对照进行比色，色调相同的色标即是总氨（NH_3/HN_4^+）的含量（毫克/升）。

由于有毒非离子氨（NH_3）的含量受 pH 和温度的控制，所以检测氨时需先测 pH 和水温，再从表3－4中查得非离子氨所占的比例，然后由总氨值乘以该比例，即得非离子氨（NH_3）的量。

表3－4　水样中有毒非离子氨的比例（%）

pH 值	15℃	20℃	25℃	30℃
6	0	0	0	0
6.5	0	0.1	0.2	0.3
7	0.3	0.4	0.6	0.8
7.5	0.9	1.2	1.8	2.5
8	2.7	3.8	5.5	7.5
8.5	8	11	15	20
9	21	28	36	45
9.5	46	56	64	72
10	73	80	85	89

如测得总氨量为1.6毫克/升，pH值为8.5，水温为25℃，表中非离子氨的比例数为15%，则有毒非离子氨的量为1.6毫克/升×15%=0.24（毫克/升）。

2．结果分析

正常情况下水中非离子氨不应超过0.02毫克/升。

四、亚硝酸盐（HO^{2-}）的检测

1．检测方法

用亚硝酸盐（AT－NO_2）管直接从水池中吸取水样，5分钟后由AT－NO_2管的呈色与亚硝酸盐比色卡对照比色，色调相同的色标即为水样中亚硝酸盐的含量（毫克/升）。

2．结果分析

正常情况下，亚硝酸盐值应低于0.2毫克/升。

五、硫化氢（H_2S）的检测

1．检测方法

用硫化氢（AT－H_2S）管直接从水池中吸取水样，再由硫化氢管的呈色或色卡对照进行比色，色调相同的色标即是水样中硫化氢的含量（毫克/升）。

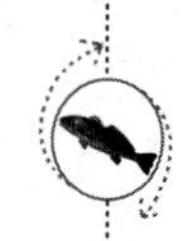

2．结果分析

正常情况下，H_2S含量应低于0.1毫克/升。

第四章　营养和饲料

内容提要：鲻鱼肌肉的化学成分；鲻鱼的营养需要和代谢；鲻鱼人工配合饲料；鲻鱼的营养物质消化与吸收；配合饲料的生产工艺流程。

第一节　鲻鱼肌肉的化学成分

一、鲻鱼肌肉的营养成分

南海水产研究所1996年分别从大鹏湾海区和珠海斗门养殖池采集了鲻鱼，对其肌肉营养成分进行了分析（表4－1），结果显示，野生鲻鱼的含脂量仅为养殖鲻鱼的1/20，在养殖鲻鱼中，小鱼的含脂量仅为大鱼的1/3。

表4－1　鲻鱼肌肉营养成分分析（%）

样品来源	采集地点	体长/厘米	体重/克	水分	粗蛋白	粗脂肪	粗灰分
养殖鲻鱼	斗门	17.5	87	76	20.8	2	1.3
养殖鲻鱼	斗门	28.5	388	71.5	20.3	6.8	1.2
野生鲻鱼	大鹏湾	26	315	78.1	20.2	0.3	1.3

二、养殖鲻鱼肌肉氨基酸分析

为研究人工养殖过程中鱼体营养成分的变化情况，以便进一步改善人工配合饲料的质量，提高养殖水平，南海水产研究所对不同生长阶段（小鱼：175 克/尾；中鱼：350 克/尾；大鱼：720 克/尾）的池养鲻鱼鱼体氨基酸含量进行测定，结果如表 4－2 所示。

从表 4－2 来看，谷氨酸、天门冬氨酸、赖氨酸的含量最高，必需氨基酸含量由高到低的顺序为：赖氨酸、亮氨酸、精氨酸、缬氨酸、异亮氨酸、苏氨酸、苯丙氨酸、蛋氨酸、组氨酸。非必需氨基酸含量由高到低的顺序为：谷氨酸、天门冬氨酸、甘氨酸、丙氨酸、脯氨酸、丝氨酸、酪氨酸、胱氨酸。

从上述分析结果，看不出因鱼体重变化而引起氨基酸组成的显著差异，在鲻鱼的生长过程中，必需氨基酸与非必需氨基酸的比值（EAA/ NEAA）基本没有变化，为 1.1～1.12。这表明，该试验所配制的人工饲料能满足鲻鱼生长和生殖的营养需求。

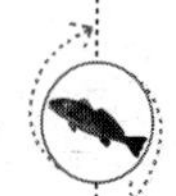

表 4－2　鲻鱼肌肉氨基酸组成（%）

氨基酸	小鱼	中鱼	大鱼	氨基酸	小鱼	中鱼	大鱼
苏氨酸	4.57	4.34	4.49	天门冬氨酸	10.13	9.70	9.92
缬氨酸	5.24	5.01	5.12	丝氨酸	4.15	3.87	4.07
蛋氨酸	2.73	3.57	2.98	谷氨酸	16.34	15.96	16.11
异亮氨酸	4.69	4.64	4.61	脯氨酸	5.06	4.44	4.59
亮氨酸	8.10	7.95	7.99	甘氨酸	7.62	7.49	7.72
苯丙氨酸	4.13	4.06	4.05	丙氨酸	5.79	6.73	6.83
赖氨酸	8.50	8.73	8.55	胱氨酸	0.66	1.00	0.82
组氨酸	2.71	2.79	2.70	酪氨酸	2.80	3.12	2.74
精氨酸	6.79	6.61	6.63				
必需氨基酸总和	47.46	47.70	47.10	非必需氨基酸总和	52.55	50.31	52.80
必需氨基酸/非必需氨基酸	1.11	1.10	1.12				

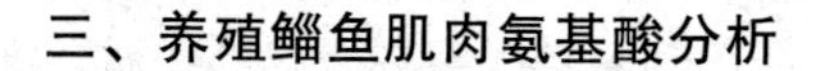

三、养殖鲻鱼肌肉氨基酸分析

南海水产研究所 2000 年对野生鲻鱼和养殖鲻鱼肌肉的脂肪酸组成进行了分析（表 4－3），结果显示，鲻鱼肌肉脂肪中的不饱和脂肪酸较高，占脂肪酸总量的 70% 左右，其中养殖鲻鱼中廿碳五烯酸（EPA）和廿二碳六烯酸（DHA）的平均含量为 31.5%，同时养殖鲻

鱼与野生鲻鱼内脏脂肪中的 EPA 和 DHA 含量都比较高。

表 4-3 鲻鱼背肌、腹肌和内脏中的脂肪酸组成（克/100 克干物质）

脂肪酸	养殖鲻鱼			野生鲻鱼		
	背肌	腹肌	内脏	背肌	腹肌	内脏
14:0	3.83	3.15	2.08	3.14	2.85	2.31
16:0	22.07	23.35	19.76	22.26	20.98	19.38
16:1*n*-9	11.00	8.43	12.36	5.04	7.16	9.60
18:0	5.52	7.21	5.01	10.06	8.32	5.39
18:1*n*-9	12.80	9.39	7.82	10.47	11.21	8.48
18:2*n*-6	7.49	10.25	11.34	3.77	2.35	4.30
18:3*n*-3	7.32	9.73	6.89	1.00	1.30	3.70
18:4*n*-3	1.62	1.87	2.45	0.85	0.49	0.92
20:4*n*-6	4.26	2.36	5.68	5.00	3.49	1.35
20:5*n*-3	4.27	4.87	6.98	11.42	12.65	11.96
22:5*n*-6	2.87	2.90	3.47	1.06	2.63	2.80
22:5*n*-3	2.70	5.47	3.46	6.10	7.70	4.36
22:6*n*-3	5.10	9.81	11.28	18.25	17.68	22.56

第二节　鲻鱼的营养需要和代谢

鲻鱼的营养需要主要有五大类：蛋白质（氨基酸）、脂肪、碳水化合物、无机盐和维生素。

一、蛋白质（氨基酸）

蛋白质是生命的物质基础，没有蛋白质就没有生命。因此，它是与生命及与各种形式的生命活动紧密联系在一起的物质。机体中的每一个细胞和所有重要组成部分都有蛋白质参与。机体内蛋白质的种类很多，性质、功能各异，但都是由 20 多种氨基酸按不同比例组合而成的，并在体内不断进行代谢与更新。

被摄入的蛋白质在鱼体内经过消化分解成氨基酸，吸收后在体内主要用于重新按一定比例组合成鱼体蛋白质，同时新的蛋白质又在不断代谢与分解，时刻处于动态平衡中。因此，饵料蛋白质的质和量、各种氨基酸的比例，关系到鱼体蛋白质合成的量，尤其是亲鱼的优质繁育、仔稚幼鱼的生长发育、商品鱼的健康养殖，都与饵料中蛋白质的量有着密切的关系。

必需氨基酸指的是鱼体自身不能合成或合成速度不能满足机体需要，必须从食物中摄取的氨基酸。鲻鱼的必需氨基酸有10种，包括赖氨酸、蛋氨酸、亮氨酸、异亮氨酸、苏氨酸、缬氨酸、色氨酸、苯丙氨酸、组氨酸和精氨酸。

非必需氨基酸并不是说鱼体不需要这些氨基酸，而是说鱼体可以自身合成或由其他氨基酸转化而得到，不一定非从食物直接摄取不可。这类氨基酸包括谷氨酸、丙氨酸、甘氨酸、天门冬氨酸、胱氨酸、脯氨酸、丝氨酸和酪氨酸等。有些非必需氨基酸如胱氨酸和酪氨酸如果供给充裕还可以节省必需氨基酸中蛋氨酸和苯丙氨酸的需要量。

能满足鱼类氨基酸需求并获得最佳生长的最少蛋白质含量即为蛋白质需要量。蛋白质是决定鱼类生长的关键营养物质，也是饲料中花费最大的部分，确定配合饲料中蛋白质的最适需要量，这在水产动物营养与饲料的研究和生产上极为重要。周文坚（1991）以酪蛋白为主要蛋白源，同时按比例添加了氨基酸混合物以使饲料氨基酸组成与鱼体氨基酸组成趋近平衡，以糊精为糖源，以浓缩鱼肝油、豆油和大豆卵磷脂作为脂肪源，共配制六种配合饲料，蛋白质含量依次为35.3%、40.3%、45.3%、50.3%、55.3%、60.3%，试验以市售真鲷配合饲料（蛋白质含量大于55%）为对照，于盐度1~2的水体中，饲养平均体长为（10.3 ± 0.7）厘米，平均体重为（12.7 ± 1.8）克的鲻鱼为期30天，研究结果表明，鲻鱼对蛋白质的需求量为40%~45%，最佳为40%，当饲料蛋白质含量高于50%时，饲养效果则并不十分理想。然而，林黑着等（1997）以秘鲁鱼粉、大豆粕、花生粕、玉米粉、米糠和黄粉等作为饲料蛋白源，共配制粗蛋白含量分别为24%、28%

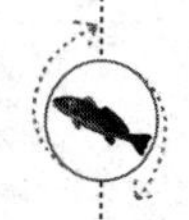

和32%的三种试验饲料，在盐度低于5的水体中饲养平均体重为45.6克的鲻鱼为8个星期，其研究结果显示，根据增重率和鱼体营养成分等指标，认为鲻鱼配合饲料中适宜的蛋白质含量为28%，适宜蛋白能量比为21.7毫克/千焦。造成两个实验在蛋白需求量上产生差异的原因是多方面的，包括试验饲料组成的差异、鱼种来源上的差异等，然而最为重要的应是鱼体大小的差异不同导致了对蛋白质需求量的差异。一般情况下，仔稚幼鱼对营养物质的需求量要比成鱼的需求量高。Nour 等（1995）在得出平均体重为4克的鲻鱼在养殖密度为40尾/米^{3}时最适的投喂量为体重的4%后，又研究了饲料中蛋白质含量对鲻鱼（初重4克）生长和饲料利用的影响，结果表明：在池塘中养殖，饲料蛋白质含量为30%可使鲻鱼生长良好且饲料利用效率高。

目前鲻鱼养殖所需蛋白质来源在很大程度上仍依赖鱼粉等，有关鲻鱼在鱼粉替代方面的研究工作不多，Wassef 等（2001）发现，在鲻鱼配合饲料中添加20%的石莼粉不仅可以节省鱼粉，而且还可以明显改善鲻鱼的生长性能，并改善鱼体的品质。Luzzana 等（2005）在对鲻鱼的研究中观察到，饲料中豆粕替代50%的鱼粉并不影响鲻鱼幼鱼的生长、饲料利用率、鱼体能量储存和肠道的组织结构。

二、脂肪

通常脂类可按不同组成分为五类，即单纯脂、复合脂、萜类和类固醇及其衍生物、衍生脂类及结合脂类。脂类物质具有重要的生物功能，脂肪是鱼体的能量提供者。

其生理功能包括：

（1）鱼体内储存能量的物质并供给能量。1克脂肪在体内分解成二氧化碳和水并产生38千焦能量，比1克蛋白质或1克碳水化合物高一倍多。

（2）构成一些重要生理物质，脂肪是生命的物质基础，是鱼体内的三大组成部分（蛋白质、脂肪、碳水化合物）之一。磷脂、糖脂和胆固醇构成细胞膜的类脂层，胆固醇又是合成胆汁酸、维生素 D_3和类固醇激素的原料。

（3）保护内脏、缓冲外界压力。内脏器官周围的脂肪垫有缓冲外力冲击保护内脏的作用，减少内部器官之间的摩擦。

（4）提供必需脂肪酸。

（5）脂溶性维生素的重要来源。鱼肝油和奶油富含维生素 A、D，许多植物油富含维生素 E。脂肪还能促进这些脂溶性维生素的吸收。

国内外对鲻鱼类饲料中脂肪和必需脂肪酸的需求方面开展了一些研究。Tamaru 等（1993）报道了鲻鱼的仔鱼在摄食缺乏 $n-3$HUFA 的轮虫时，死亡率高，生长缓慢。Argyropoulou 等（1992）以不同脂肪源（鱼油、玉米油、大豆油、亚麻籽油与无油脂饲料）饲养鲻鱼 84 天，结果发现，鱼体中 $n-3$ 与 $n-6$ 脂肪酸的组成与含量同饲料具有明显的正相关关系，研究结果同时还显示，鱼体中饱和脂肪酸与 18∶1$n-9$ 系列脂肪酸的含量与日粮中的脂肪酸组成并无明显的相关性。作者认为鲻鱼脂肪代谢过程中，$n-9$ 和 $n-6$去饱和酶活性较高，其他去饱和酶活性则非常低。Kelly 等（1958）的研究报道指出，以脱脂的饲料饲养鲻鱼，导致其体内不能正常地合成足够的多不饱和脂肪酸；与陆生动物相似的是，鲻鱼可以把棉籽油中的二烯酸转换成少量的四烯酸、五烯酸和六烯酸；而与陆生动物不同的是，鲻鱼具有转换亚油酸成为三烯酸的能力；此外，试验还得出，当以含有鲱鱼油的饲料投喂鲻鱼，结果显示鲻鱼可以将饲料中的脂肪基本不变地保存起来。叶金聪等（2003）的研究发现，投喂以乌贼肝油—小球藻营养强化轮虫为饵料的鲻鱼仔鱼成活率最高，生长速度最快，个体大小整齐肥满，小球藻强化轮虫次之，酵母强化轮虫最差。其原因在于乌贼肝油—小球藻营养强化的轮虫 $n-3$HUFA 较全面，EPA 和 DHA 的含量高，而小球藻强化的轮虫虽然 EPA 含量较高，但缺 DHA，所以导致存活率并不高。由此认为，鲻鱼和其他海水鱼类一样，$n-3$HUFA特别是 DHA 对鲻鱼的营养需求起着非常重要的作用。

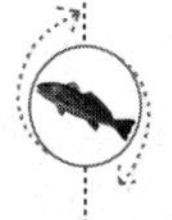

E1 Cafsi等（2003）定性分析了鲻鱼苗在淡水驯化过程中对脂肪的需求，结果表明，经过四周的驯养，在高盐度（35）水体中的鱼苗含有较高的磷脂和甘油三酯，而在低盐度（0.5）水体中的鱼苗含有较高的卵磷脂。作者推测低盐度水体中鱼苗中高含量的卵磷脂可能担负着合成甘油三酯（供能）的作用，并由此推断以卵磷脂强化饵料可以弥补鱼苗在淡水驯化过程中的能量所需，使鱼苗更快地适应新的环境，提高成活率。

三、碳水化合物

碳水化合物亦称糖类化合物，是自然界存在最多、分布最广的一类重要的有机化合物。主要由碳、氢、氧所组成。葡萄糖、蔗糖、淀粉和纤维素等都属于糖类化合物。

糖类化合物是一切生物体维持生命活动所需能量的主要来源。它不仅是营养物质，而且有些还具有特殊的生理活性。

碳水化合物是为鱼体提供热能的三种主要的营养素中最廉价的营养素。食物中的碳水化合物分成两类：鱼体可以吸收利用的有效碳水化合物（如单糖、双糖、多糖）和鱼体不能消化的无效碳水化合物（如纤维素）。

由于传统的观点认为水产养殖动物先天性的胰岛素分泌不足，糖酶活性较低，对碳水化合物的利用有限，所以目前对鲻梭鱼碳水化合物营养方面的研究报道非常少。而 Yoshimatsu 等（1992）推测，梭鱼对碳水化合物的利用可能具有一定的潜力。因此，有关鲻鱼对碳水化合物的利用情况尚需进一步研究分析。

四、无机盐

无机盐即无机化合物中的盐类，旧称矿物质，在生物细胞内一般只占鲜重的1% ~1.5%，目前已经发现20余种，其中大量元素有钙（Ca)、磷（P)、钾（Ka)、硫（S)、钠（Na)、氯（Cl)、镁（Mg)；微量元素有铁（Fe)、锌（Zn)、硒（Si)、钼（Mu)、铬（Cr)、钴（Co)、碘（I）等。虽然含量很低，但是作用非常大，无机盐对组织和细胞的结构很重要，硬组织如骨骼、鳞片和牙齿，大部分是由钙、磷和镁组成，而软组织含钾较多。体液中的无机盐离子调节细胞膜的通透性，控制水分，维持正常渗透压和酸碱平衡，帮助运输普通元素到全身，参与神经活动和肌肉收缩等。

由于新陈代谢，每天都有一定数量的无机盐从各种途径排出体外，因而必须通过饲料予以补充。在合适的浓度范围有益于鱼体的健康，缺乏或过多都能致病。

与鲻梭鱼矿物质营养相关的研究主要集中在钙和磷上。Hossain 等（2000）的研究报道指出，饲料中缺乏钙会显著降低梭鱼幼鱼的生长，以磷酸三钙为钙源会影响骨骼中锌、锰、钾和铁的矿化，并且导致肝脏中钙、锌和铁的含量降低；同时指出，脊椎骨中钙磷的含量并不是揭示钙缺乏症的有效指标，梭鱼自水体中吸收的钙可以维持骨骼中钙的矿化，但不能维持鱼体的正常生长，饲料中添加可溶性钙对维持鱼体的正常生长和组织中矿物元素的含量具有重要的作用。E1－Zibdeh 等（1995）报道梭鱼对磷的需求量为 0.7%。Kang 等（2005）分别以商业饲料和近似天然碎屑的饵料饲养梭鱼幼鱼，发现商业饲料组梭鱼的磷摄入量要显著高于天然碎屑饵料组，且在相同量的饲料条件下两组的磷摄入量均随着鱼体规格的增大而增加；鱼体的规格可显著影响商业饲料组磷的排泄量，但对天然碎屑饵料组并没有显著性的影响；在摄入的磷中，大约 10% 用于生长，50% 通过粪便流失，剩余的通过其他排泄方式流失。

五、维生素

维生素是鱼类机体为维持正常的生理功能而必须从食物中获得的一类微量有机物质，在鱼体生长、代谢、发育过程中发挥着重要的作用。维生素不是构成机体组织和细胞的组成成分，它也不会产生能量，它的作用主要是参与机体代谢的调节。大多数的维生素，机体不能合成或合成量不足，不能满足机体的需要，必须

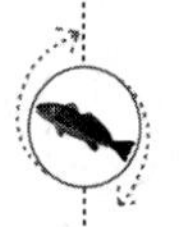

经常通过饲料中获得。机体对维生素的需要量很小，日需要量常以毫克或微克计算，一旦缺乏就会引发相应的维生素缺乏症，对鱼体健康造成损害。

CHEN QIU－MIN（1990）探讨养殖鲻鱼对维生素E的需求量，于商用饲料中添加0毫克/千克、100毫克/千克、200毫克/千克及400毫克/千克维生素E，经317天饲育试验，结果对鲻鱼成长没有差异，因基础饲料中维生素E含量已满足养殖鲻生理需求。然而不同鱼龄族群在成长上有差异，一龄成长至二龄为鲻鱼成长较佳的时间，养殖鲻鱼二龄体型已达野生鲻鱼六龄鱼的大小。养殖雌鲻鱼比例较历年洄游台湾海峡之野生鲻鱼调查结果为低，仅占13.01%～16.77%，投予含激素的饲料可改变鲻鱼性比而提高雌鱼比例达94.67%。鲻鱼生殖腺发育与水温、盐度有关，蓄养期间池水盐度维持在6～11有阻碍卵黄质蓄积的作用，各饲料组性腺发育均不佳无法得知维生素E对鲻鱼性腺的发育是否相关。鲻鱼肝指数随鱼龄增加而有下降的趋势，未添加维生素E的低脂质饲料组肝脏脂肪含量与添加组没有差异，但未添加维生素E的高脂肪饲料其肝脏脂肪含量高于添加组，且有随养殖时间增高的趋势。一龄鱼组腹部脂肪指数高于二龄鱼及激素处理组，饲料中添加激素对鲻鱼脂质代谢有影响。不同卵巢发育阶段的鲻鱼肝脏脂肪酸组成没有差异，而雄鱼肝脏（$n-3$）/（$n-6$）比值高于雌鱼。

六、人工种苗生产日投饵量及其营养需求量

李加儿等（2003）根据试验结果所制定的鲻鱼人工种苗生产工艺流程、饵料生物投放密度以及各种饵料生物营养成分测定结果，推算出生产30万尾鲻鱼稚鱼所需几种饵料生物的日投饵量及其营养需求量（表4－4）。

表 4－4　生产 30 万尾鲻鱼稚鱼所需几种饵料的日投喂量及营养需求量估算

饵料生物	投喂（天）	日需求量（个）	总湿重（克）	总干重（克）	粗蛋白（克）	粗脂肪（克）
小球藻	1～40	7.0×10^{12}	132.5	37.37	17.75	11.26
轮虫	1～40	2.0×10^{9}	3 894.0	471.95	216.25	76.03
卤虫无节幼体	23～40	5.0×10^{7}	943.0	122.68	64.90	21.80

第三节　鲻鱼人工配合饲料

一、主要的饲料原料

1. 大豆粕（饼）

大豆粕是所有粕饼类中数量最多的一种饲料原料，含蛋白质 40%～45%，其中赖氨酸约占干物质的 3.1%。类脂质 3.5%～4.5%，无氮浸出物 27.1%～33.3%，灰分 4.5% 和少量维生素，生物价值较高。大豆含有抗胰蛋白酶、血球凝集素、脲酶等物质，降低了动物对其蛋白质的消化吸收率，加热蒸煮后，则可提高蛋白质的消化率。

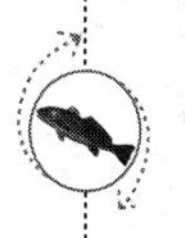

2. 花生饼（粕）

花生饼（粕）是以脱壳花生果为原料，经压榨或浸提取油后的副产物。花生饼（粕）的营养价值较高，其代谢能是饼、粕类饲料中最高的。富含维生素及矿物质等多种营养成分。其营养价值相对高于其他饼，与大豆饼相当，是饲料厂最理想的优良原料。花生饼含有 13.67% 的水分、粗蛋白含量可达 48% 以上，含脂肪 6.37%、纤维素 3.77%、无氮浸出物 31.56%、矿物质 7.22%。

3. 鱼粉

将全鱼或除去可食部分的剩余物经蒸煮、压榨、干燥、粉碎后

即成鱼粉。属营养成分高的动物性蛋白源，各种必需氨基酸的比例较为平衡，接近鱼体的必需氨基酸构成，也是多种维生素和矿物质的重要来源。日本的北洋鱼粉蛋白质含量60% ~70%，脂肪2% ~6%；秘鲁鱼粉蛋白质含量62%以上，脂肪7% ~10%；衡量鱼粉质量的好坏，除营养成分外，还应考虑胃蛋白酶消化率、新鲜度、组织胺含量。

4. 菜籽饼（粕）

菜籽饼（粕）含蛋白质33.6% ~41.8%，无氮浸出物22.0% ~33.9%；维生素 B_2 含量丰富。菜籽饼（粕）含有有害物质，主要是芥子甙与芥子酶作用生成甲状腺肿的噁唑烷硫铜和硫氰酸盐，以及能破坏黏膜和消化道表层的异硫氰酸盐等毒素，故应用前应采用煮、蒸、水泡发酵、堆放发酵、接种发酵和坑埋等方法进行脱毒。

5. 糠麸类

糠麸类是粮食加工时的主要副产品，所以量大。与原粮相比，除无氮浸出物含量较少外，其他各种营养素的含量均很高：糠麸富含B族维生素，麦麸中含有丰富的维生素E。米糠含蛋白质10.5% ~14.3%，无氮浸出物39.1% ~55.4%。小麦麸一般赖氨酸多、蛋氨酸少，无氮浸出物51.4% ~60.7%，B族维生素丰富。但纤维素含量较高，故利用率较低。

6. 玉米

玉米为一年生禾本科植物，又名苞谷等。据测定，每100克玉米含热量820.7千焦，粗纤维1.2克，蛋白质3.8克，脂肪2.3克，碳水化合物40.2克，另含矿物质元素和维生素等。玉米中含有较多的粗纤维，比精米、精面高4~10倍。玉米中的维生素 B_6、烟酸等成分，具有刺激胃肠蠕动、加速粪便排泄的特性。玉米油富含维生素E、维生素A、卵磷脂及镁等，含亚油酸高达50%。

二、鲻鱼饲料的配方

鲻鱼的饵料常用的有豆饼、花生饼、菜籽饼、米糠、麸皮、酒糟、豆渣、蚕蛹、鱼粉等。浙江省海洋水产研究所也曾投喂一些浮萍、鲜嫩陆草、青苔等。较理想的饵料是饼类、米糠、丝状绿藻，再适当搭配鱼粉、蚕蛹等动物性饵料，使饵料中含有较高的蛋白质和脂肪，营养价值较高，促使鱼类更快地生长。

在台湾省养鲻鱼的饵料是用米糠和花生饼或黄豆饼。在突尼斯养鲻鱼采用的饵料是多样化的，有粮食下脚料、鱼粉混合一些马铃薯、腐烂的青菜、蛋类、头足类和浒苔（Pillai，1975）。

根据鲻鱼的食性和不同发育阶段的饵料要求，饵料质量要求精而鲜，在可能的范围内饵料品种要多样化，营养成分要丰富、全面，而且是鱼喜食的饵料。同时饵料要新鲜，不变味、不变质。性腺发育的快慢与营养适宜密切相关。卵细胞的繁殖和生长，需要大量的营养，卵中需要积累丰富的物质以供胚胎发育的需要，卵子大量卵黄的积累需要来自蛋白质。因此，亲鱼培育的饵料要比成鱼养殖需要更多的营养。据切尔文斯基（Chervinski，1976）报道，在以色列从幼鱼养到成鱼用配合颗粒饵料，其中蛋白质含量为21%～25%，颗粒饵料由鱼粉、麦麸和黄豆粉组成。据报道，台湾省养殖产卵的鲻鱼，饵料由米糠和花生麸或黄豆粉组成。南海水产研究所在鲻鱼亲鱼培育期间，主要投喂人工配合饲料，其粗蛋白含量为24%～28%。

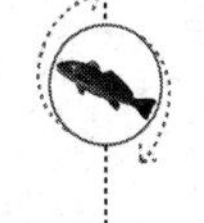

浙江省海洋水产研究所温州分所（1984）利用米糠为主，与其他动植性原料配合，如鱼粉、菜仔饼、海苔粉、豆渣等，饲养效果不错。饵料配方见表4－5。

表4－5　鲻鱼鱼种饵料的配方与粗蛋白含量（%）

年份	配方	米糠	菜籽饼	鱼粉	海苔粉	豆渣	粗蛋白含量
1979	Ⅰ	15	45	20	4	16	39.38
	Ⅱ	60	30	6	4	0	19.20
1980	Ⅰ	75	12.5	5	7.5	0	17.09
1981	Ⅰ	90	3	1	0	0	15.12

第四节　鲻鱼的营养物质消化与吸收

为了提高鲻鱼饲料配方的准确性，使用适宜的替代原料以降低成本，必须了解鲻鱼对饲料原料营养素和能量的消化率。

一、鲻鱼对饲料原料蛋白质、氨基酸和总能的表观消化率

不同饲料源的营养物质可被消化吸收的程度不一样。这种可被消化吸收的程度可以用消化吸收率（简称消化率）来表示。消化率是动物从食物中所消化吸收的部分占总摄入量的百分比。消化率是评价饲料营养价值的重要指标之一。林黑着等（1997）以三氧化二铬为指示物，测定了平均体重6克的鲻鱼对秘鲁鱼粉等8种原料的表观消化率，结果见表4－6，鲻鱼对8种饲料原料粗蛋白的表观消化率均比较高，为70.5%～91.5%，其中最高的是大豆粕和花生麸，达91.5%和91.1%，其次为秘鲁鱼粉和菜籽饼，达88.1%和83.1%，表明鲻鱼能很好地消化吸收人工饲料。

表4－6　鲻鱼对饲料原料蛋白质和总能的表观消化吸收率（%）

饲料	粗蛋白	总能
大豆粕	91.5	90.5
花生麸	91.1	78.2
秘鲁鱼粉	88.1	85.5
菜籽饼	83.1	73.8
麸皮	81.8	65.2
黄粉	79.7	82.2
玉米糠	78.8	48.8
玉米粉	70.5	75.8

二、盐度对鲻鱼表观消化率的影响

饲料的营养价值不仅取决于它的化学组成，而且取决于鱼类对这些养分或能量的吸收和利用率。影响消化率的因素有水温、投喂频率、生长阶段、营养物质的含量和营养物间的相互作用以及饲料的加工工艺等。硬骨鱼类的消化生理过程不仅受到所摄食食物的数量和质量的影响，同时还受到诸多环境和内部因素的影响。就广盐性鱼类而言，盐度是影响其消化吸收的重要环境因素之一。De Silva 等（1976，1977）研究了不同盐度（小于1，10，20和30）对鲻鱼幼鱼摄食量、生长率、饲料转化率以及消化速度的影响。鲻鱼幼鱼在初养阶段，其摄食量随盐度的升高而增大，即在盐度为30时摄食量最大，盐度小于1时最小。但饲料转化率则相反，随着盐度的升高而降低，消化速度则随盐度的升高而加快。由于消化作用是把食物能量转化为代谢能的一个中间步骤，因而也受到盐度的影响，即盐度升高，代谢消耗增大，消化速度也随之加快。但是，饲料转化率即饲料转化为鱼体重量的百分率却随盐度的升高而降低，这是因为代谢水平增高，必须消耗更多的能量，从而相对地减少了生长所需的能量。

江琦等（1998）研究了盐度对配合饲料粗蛋白、氨基酸和总能的表观消化率的影响，结果显示在盐度5、15和25条件下，平均体重为9克的鲻鱼对粗蛋白的消化率分别是79.8%，82.7%和82.6%，氨基酸总量的表观消化率分别为83.9%，84.4%和86.3%，盐度对粗蛋白和氨基酸的表观消化率的影响不显著。对总能的表观消化率分别为50.8，63.5和73.9，随盐度的升高而明显提高。

从鱼类的渗透压调节来看，盐度的升高，使其对鱼体的渗透压升高，从而促使鱼体加速与水环境之间的离子交换以达到渗透压的平衡。因此，为调节渗透压所需的代谢消耗也随着盐度的升高而增大，摄食量也随之增大。

三、鲻鱼仔鱼能量与体氮维持量

为了解鲻鱼仔鱼的代谢变化情况，为建立鲻鱼的能量收支模式和研制鲻鱼幼体专用饲料提供理论依据，李加儿等（2003）采用舆石等（1982）研究真鲷的方法，测定鲻鱼仔稚鱼在安定状态下的耗氧量，并由此求得维持体重摄饵量。鱼类每消耗1升氧相当于消耗20.1千焦的热量，蛋白质和糖类的热价为17.2千焦。脂肪的热价为38.9千焦。试验测定结果，鲻鱼仔稚鱼所摄食的轮虫含粗蛋白45.82%，粗脂肪16.11%，糖类25.93%，设仔稚鱼对饵料的平均消化率为80%，这样轮虫的可利用能为14.9千焦。由以上数据结合稚鱼耗氧率测定结果，便是维持体重摄饵量。然而，考虑到鱼类在天然条件下的总代谢消耗量为其基础代谢的两倍，故将计算结果乘以2。将维持体重摄饵量乘以轮虫的蛋白质含量，再除以6.25，即为体氮维持量。从表4－7可以看出，鲻鱼和其他鱼类一样，其幼体的耗氧率和单位体重的氮维持量随着鱼体生长而逐步降低。

表4－7　鲻鱼仔稚鱼的体氮维持量（20℃）

体重/（毫克/尾）	耗氧量	发热量		维持体重摄饵量	体氮维持量
	毫升/小时	千焦/（千克体重·小时）	千焦/（千克体重·天）	毫克/（千克体重·小时）	毫克/（千克体重·天）
2.88	6.2028	124.6	2991.83	402.35	29.50
4.40	1.8066	36.3	871.40	117.19	8.59
10.9	1.6485	33.1	795.14	106.93	7.84
12.6	1.0606	21.3	511.58	68.80	5.04

第五节　配合饲料的生产工艺流程

一、配合饲料的生产工艺流程

配合饲料的生产工艺流程图见图 4－1、图 4－2、图 4－3。

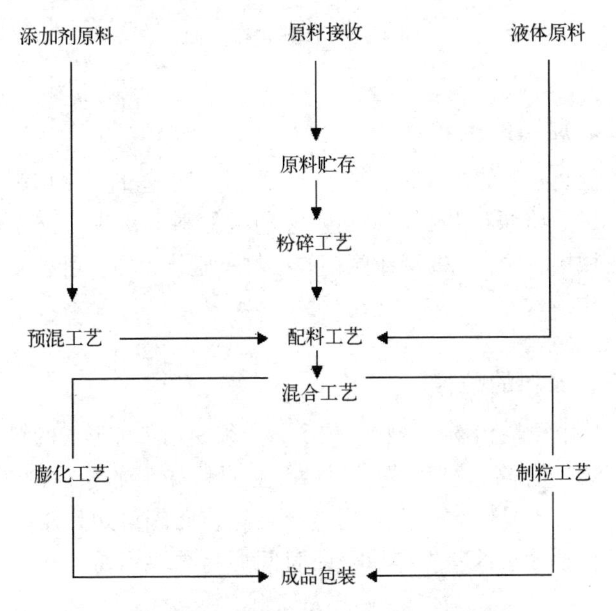

图 4－1　配合饲料的生产工艺流程

图 4－2　饲料生产车间

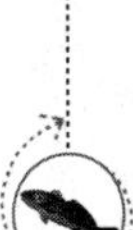

图 4－3　饲料包装车间

二、原料的接收

①散装原料的接收：以散装汽车、火车运输的，用自卸汽车经地磅称量后将原料卸到卸料坑。②包装原料的接收：分为人工搬运和机械接收两种。③液体原料的接收：瓶装、桶装可直接由人工搬运入库。

三、原料的贮存

饲料中原料和物料的状态较多，必须使用各种形式的料仓，饲料厂的料仓有筒仓和房式仓两种。主原料如玉米等谷物类原料，流动性好，不易结块，多采用筒仓贮存；而副料如麸皮、豆粕等粉状原料，散落性差，存放一段时间后易结块不易出料，采用房式仓贮存。

四、原料的清理

饲料原料中的杂质，不仅影响到饲料产品质量而且直接关系到饲料加工设备及人身安全，严重时可致整台设备遭到破坏，影响饲料生产的顺利进行，故应及时清除。饲料厂的清理设备以筛选和磁选设备为主，筛选设备除去原料中的石块、泥块、麻袋片等大而长的杂物，磁选设备主要去除铁质杂质。

五、原料的粉碎

饲料粉碎的工艺流程是根据要求的粒度、饲料的品种等条件而定。按原料粉碎次数，可分为一次粉碎工艺和循环粉碎工艺或二次粉碎工艺。按与配料工序的组合形式可分为先配料后粉碎工艺和先粉碎后配料工艺。

1. 一次粉碎工艺

是最简单、最常用、最原始的一种粉碎工艺，无论是单一原料、混合原料，均经一次粉碎后即可，按使用粉碎机的台数可分为单机粉碎和并列粉碎，小型饲料加工厂大多采用单机粉碎，中型饲料加工厂有用两台或两台以上粉碎机并列使用，缺点是粒度不均匀，电耗较高。

2. 二次粉碎工艺

有三种工艺形式，即单一循环粉碎工艺、阶段粉碎工艺和组织粉碎工艺。①单一循环二次粉碎工艺：用一台粉碎机将物料粉碎后进行筛分，筛上物再回流到原来的粉碎机再次进行粉碎。②阶段二次粉碎工艺：该工艺的基本设置是采用两台筛片不同的粉碎机，两粉碎机上各设一道分级筛，将物料先经第一道筛筛理，符合粒度要求的筛下物直接进行混合机，筛上物进入第一台粉碎机，粉碎的物料再进入分级筛进行筛理。符合粒度要求的物料进入混合机，其余的筛上物进入第二台粉碎机粉碎，粉碎后进入混合机。③组合二次粉碎工艺：该工艺是在两次粉碎中采用不同类型的粉碎机，第一次采用对辊式粉碎机，经分级筛筛理后，筛下物进入混合机，筛上物进入锤片式粉碎机进行第二次粉碎。

3. 先配料后粉碎工艺

按饲料配方的设计先进行配料并进行混合，然后进入粉碎机进行粉碎。

4. 先粉碎后配料工艺

本工艺先将待粉料进行粉碎，分别进入配料仓，然后再进行配

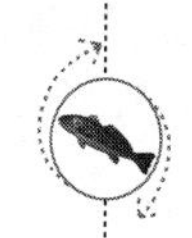

料和混合。

六、配料工艺

目前常用的工艺流程有人工添加配料、容积式配料、一仓一秤配料、多仓数秤配料、多仓一秤配料等。

1. 人工添加配料

人工控制添加配料是用于小型饲料加工厂和饲料加工车间。这种配料工艺是将参加配料的各种组分由人工称量，然后由人工将称量过的物料倾到入混合机中，因为全部采用人工计量、人工配料，工艺极为简单，设备投资少，产品成本降低，计量灵活、精确。但人工的操作环境差、劳动强度大、劳动生产率很低，尤其是操作工人工作较长时间后，容易出差错。

2. 容积式配料

每个配料仓下面配置一台容积式配料器。

3. 一仓一秤配料

每个配料仓下各设一台相应的配料秤。

4. 多仓一秤配料

6～10 个配料仓共用一台配料秤。

5. 多仓数秤配料

将所计量的物料按照其物理特性或称量范围分组，每组配上相应的计量装置。

七、混合工艺

分批混合就是将各种混合组分根据配方的比例混合在一起，并将它们送入周期性工作的“批量混合机”分批进行混合，这种混合方式改换配方比较方便，每批之间的相互混杂较少，是目前普遍应用的一种混合工艺，启闭操作比较频繁，因此大多采用自动程序控制。

连续混合工艺是将各种饲料组分同时分别地连续计量，并按比例配合成一股含有各种组分的料流，当这股料流进入连续混合机后，则连续混合而成一股均匀的料流，这种工艺的优点是可以连续地进行，容易与粉碎及制粒等连续操作的工序相衔接，生产时不需要频繁地操作，但是在换配方时，流量的调节比较麻烦而且在连续输送和连续混合设备中的物料残留较多，所以两批饲料之间的互混问题比较严重。

八、制粒工艺

1. 调质

调质是制粒过程中最重要的环节。调质的好坏直接决定着颗粒饲料的质量。调质目的即将配合好的干粉料调质成为具有一定水分、一定湿度利于制粒的粉状饲料，目前我国饲料厂都是通过加入蒸汽来完成调质过程。

2. 制粒

（1）**环模制粒**　调质均匀的物料先通过保安磁铁去杂，然后被均匀地分布在压辊和压模之间，这样物料由供料区压紧区进入挤压区，被压辊钳入模孔连续挤压分开，形成柱状的饲料，随着压模回转，被固定在压模外面的切刀切成颗粒状饲料。

（2）**平模制粒**　混合后的物料进入制粒系统，位于压粒系统上部的旋转分料器均匀地把物料撒布于压模表面，然后由旋转的压辊将物料压入模孔并从底部压出，经模孔出来的棒状饲料由切辊切成需求的长度。

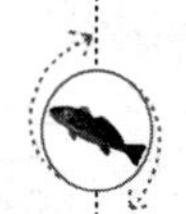

3. 冷却

在制粒过程中由于通入高温、高湿的蒸汽同时物料被挤压产生大量的热，使得颗粒饲料刚从制粒机出来时，含水量达16%～18%，温度高达75～85℃，在这种条件下，颗粒饲料容易变形破碎，贮藏时也会产生黏结和霉变现象，必须使其水分降至14%以下，温度降低至比气温高8℃以下，这就需要冷却。

4. 破碎

在颗料机的生产过程中为了节省电力，增加产量，提高质量，

往往是将物料先制成一定大小的颗粒，然后再根据养殖动物饲用时的粒度用破碎机破碎成合格的产品。

5．筛分

颗粒饲料经粉碎工艺处理后，会产生一部分粉末凝块等不符合要求的物料，因此破碎后的颗粒饲料需要筛分成颗粒整齐、大小均匀的产品。

第五章　健康养殖技术和养殖模式

内容提要：养殖场建设地点的选择；整体布局和设计；养殖池塘设计建设与改造；水源及处理；池塘清整消毒；基础饵料生物的培养；鱼苗放养及中间培育；投饵技术；日常管理；养殖模式及其效益分析。

第一节　养殖场建设地点的选择

水产养殖场需要有良好的道路、交通、电力、通讯、供水等基础条件。新建、改建养殖场最好选择在“三通一平”的地方建场，如果不具备以上基础条件，应考虑这些基础条件的建设成本，避免因基础条件不足影响到养殖场的生产发展。

在建设养殖场之前，应首先进行地质、水文、气象、生物、社会环境等诸多方面的综合调查，在此基础上提出建设方案，经可行性论证，进行严密地设计和严格的施工，以较少的投资和较快的速度，获得最理想的工程效果。调查内容和选择条件如下。

一、地质

沿海风浪较小的泥质或泥沙质的潮间带，以及潮上带的盐碱荒滩，均可建池养鱼。建池地点的地质结构应保证池底基本不漏水、不渗水，筑堤建闸较容易。应尽力避免在酸性土壤或潜在的酸性土壤处建池。此外，还应尽量选择地势平坦，施工和进、排水方便的地方。

二、水文

调查该区的潮汐状况（包括潮汐类型、潮流速度、潮差大小、历年最高潮位等）、海区淤积和冲刷情况、风浪状况等，这是确定纳水方式、水闸位置及数目和高程、堤坝位置、高度和坡度等的必备数据。

三、水质

水是鱼类赖以生存、生长的直接环境，水的质量直接影响其生命活动。建场前必须对水质条件进行认真分析，达到感官性状良好，化学成分无害。选择场址时还必须考虑有充足的淡水水源，特别是盐度偏高、蒸发量较大、进水条件比较困难的沿海地区，或地下卤水、盐田卤水做水源的鱼池，更要有供水量稳定、质量好的淡水水源。

四、气象

应调查当地气温、水温的周年变化，年降雨量及降雨集中季节、当地蒸发量和最大蒸发季节、风况、降霜和寒流多发期等。

五、生物环境

应调查附近水域中生物组成状况，摸清当地自然生长的饵料生物，尤其是鱼类喜食的底栖生物的资源量及数量变动，尽量选择饵料生物丰富的地区建场。要注意鱼类敌害生物的种类、数量等，尤其要注意附近赤潮生物的出现季节和波及程度等。

六、生态平衡

近几年来，许多地方池塘建的越来越多，养殖密度越来越大，已超过海区的负荷能力，使海水富营养化，生态平衡遭到破坏。这些地区不能继续建场。

七、社会条件

应考虑交通、电力、资金、土地、技术、劳力、历史特点和发展计划及其他社会、经济因素等。技术条件主要指有关的技术人员和技术设备。经济条件指当地的自身经济基础、物质基础及计划投产后的经济效益和社会效益，以及四周各部门的种植业、养殖业状况及相互关系；四周交通、能源、建筑现状及总体规划；四周工厂设置和排放的废气、废水情况及影响等。

第二节　整体布局和设计

一、整体布局

在规划水产养殖场的整体布局时，应本着“以渔为主、合理利用”的原则来规划和布局，养殖场的规划建设既要考虑近期需要，对养殖投资规模和经营内容进行合理布局。又要考虑到今后发展，为远景规划留有余地。

1. 合理布局

根据养殖场规划要求合理安排各功能区，做到布局协调、结构合理，既满足生产管理需要，又适合长期发展需要。

2. 利用地形结构

充分利用地形结构规划建设养殖设施，做到以养鱼为主，合理安排各类鱼池的建设面积和位置，而后安排相应的饲料地、其他农牧副业生产和设施的位置与面积。

3. 既要合理又要经济，就地取材，因地制宜

在养殖场设计建设中，要优先考虑选用当地建材，做到取材方便、经济可靠。

4. 搞好土地和水面规划

养殖场规划建设要充分考虑养殖场土地的综合利用问题，利用

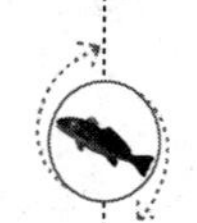

好沟渠、塘埂等土地资源，实现养殖生产的循环发展。

养殖场的布局结构，一般分为池塘养殖区、办公生活区、水处理区等。

二、鱼塘平面布局

1. 布局形式

养殖场的池塘布局一般由场地地形所决定，狭长形场地内的池塘排列一般为“非”字形。地势平坦场区的池塘排列一般采用“围”字形布局。池塘布局有两种形式：一种是以近水源处为起点，依次排列亲鱼池、产卵池和孵化场。鱼苗塘紧靠孵化场，鱼种塘围绕鱼苗塘并与成鱼塘相邻。生产性能、面积和形状相同的鱼塘集中连片。另一种是以户为单位，实行鱼苗塘、鱼种塘、成鱼塘和住房的配套。

2. 鱼塘水面与养殖场总面积的比例

养殖场除鱼塘外，还有堤埂、道路、水渠、房屋及其他各种渔业设施等。一般单一经营的小渔场（水面50亩以下），鱼塘水面可占养殖场总面积的80%左右。综合经营的大、中型养殖场，鱼塘水面占养殖场总面积的60%～70%为宜。

3. 各类鱼塘间的配套比例

鱼塘配套比例主要根据养殖场的生产对象和生产需要而定。生产鱼种为主的中、小养殖场，鱼种塘面积可占到70%左右；生产食用鱼为主的养殖场，成鱼塘面积应占到鱼塘总水面的80%左右。以提供商品鱼为主的养殖场，成鱼塘的面积可占80%以上。新养鱼区的养殖场，鱼种塘可占到30%左右。

三、鱼塘堤埂布局

鱼塘的堤埂布局，要根据养殖场的面积、规模、生产需要以及土质情况因地制宜地确定。采用种草养鱼的养殖场，利用堤埂种植青饲料，堤埂的面积应占鱼塘水面的30%以上。

堤埂面宽不仅能够扩大种植面积，还可建畜、禽棚舍，作交通通道，修渠，插电杆，使水、电、路都由堤面通过。养殖场清塘排淤时，能够就近消淤肥土，有利于种植作物的生长。

堤埂堤坡的坡比最低限度为1∶2。堤坡的坡比大，能够减少施工时土方的运载量，节省挖塘工程造价，鱼塘投产后，可减少风浪的冲刷造成溜坡和塌堤。

第三节　养殖池塘设计建设与改造

一、鱼塘设计要点

鱼塘是养殖场的主体建筑，可分为鱼苗、鱼种、成鱼、亲鱼和越冬鱼塘。鱼塘设计应包括形状、面积、深度和塘底。

1. 鱼塘的形状、朝向

池塘形状主要取决于地形、品种等要求。通常为长方形，东西向，排列整齐，大小相近，长宽比为（2～4）∶1。这样的鱼塘遮荫少，长宽比大的池塘水流状态较好，有利于拉网操作。为了充分利用土地、四周边角地带，根据地形也可安排一些边角塘。池塘的朝向应结合场地的地形、水文、风向等因素，尽量使池面充分接受阳光照射，有利于塘中浮游生物的光合作用和生产繁殖，满足水中天然饵料的生长需要。池塘朝向也要考虑是否有利于风力搅动水面，增加溶氧。

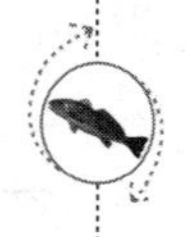

2. 鱼塘的面积及深度

鱼塘的面积取决于养殖模式、品种、池塘类型、结构等（如表5－1所示）。面积较大的池塘建设成本低，但不利于生产操作，进排水也不方便。面积较小的池塘建设成本高，虽便于操作，但水面小，风力增氧、水层交换差。在南方地区，成鱼池一般5～15亩，鱼种池一般2～5亩，鱼苗池一般1～2亩；在北方地区养鱼池的面积有所增加。

表 5-1　各类鱼塘标准参考

鱼塘类型	面积（亩）	保水深（米）	长宽比
鱼苗塘	1.5~2	1.5~2	（2~3）:1
鱼种塘	2~5	2~2.5	（2~3）:1
成鱼塘	7~15	2.5~3	（2~4）:1
亲鱼塘	3~4	2.3~3	（2~3）:1
越冬塘	5~10	3 左右	（2~3）:1

池塘水深是指池底至水面的垂直距离，池深是指池底至池堤顶的垂直距离。一般来说，鱼塘的垂直深度应比鱼塘最高水位高出 30~50 厘米。养鱼池塘有效水深不低于 1.5 米，一般成鱼池的深度在 2.5~3 米，鱼种池在 2~2.5 米。池埂顶面一般要高出池中水面 0.5 米左右。深水池塘一般是指水深超过 3 米以上的池塘，深水池塘可以增加单位面积的产量，节约土地，但需要解决水层交换、增氧等问题。

3. 塘底

池塘底部要平坦，同时应有相应的坡度，并开挖相应的排水沟和集水坑。池塘底部的坡度一般为 1:（200~500）。在池塘宽度方向，应使两侧向池中心倾斜。

面积较大且长宽比较小的池塘，底部应建设主沟和支沟组成的排水沟（如图 5-1 所示）。主沟最小纵向坡度为 1:1 000，支沟最小纵向坡度为 1:200。相邻的支沟相距一般为 10~50 米，主沟宽一般为 0.5~1 米，深 0.3~0.8 米。

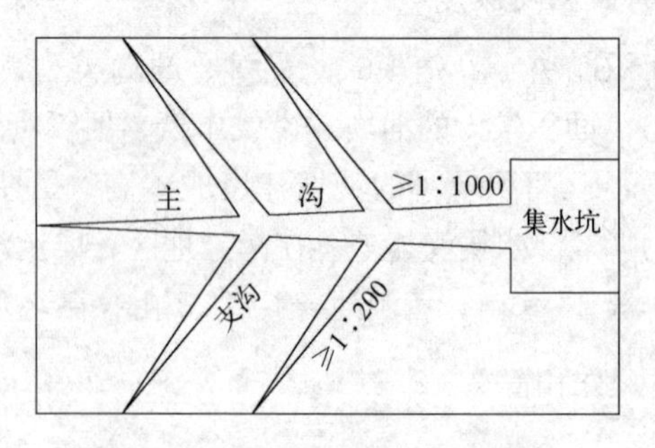

图 5-1　池塘底部沟、坑示意图

面积较大的池塘可按照回形鱼池建设，池塘底部建设有台地和沟槽（如图5－2所示）。台地及沟槽应平整，台面应倾斜于沟，坡降为1∶(1 000～2 000)，沟、台面积比一般为1∶(4～5)，沟深一般为0.2～0.5米。沟槽的作用：一是便于排水捕捞底层鱼，二是干塘时给未捕净的鱼或鱼种一个存身之地，以减少受伤或死亡。

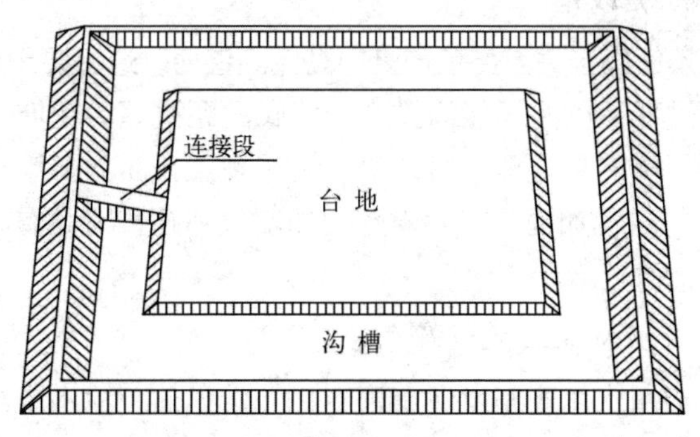

图5－2　回形鱼池示意图

4. 塘堤

塘堤是池塘的轮廓基础，塘堤结构对于维持池塘的形状、方便生产以及提高养殖效果等有很大的影响。塘堤分为堤面、堤高、坡比三个方面，设计应根据土质状况、生产要求来确定。

（1）**堤面宽度**　堤面宽度各地不一，大型养殖场的堤面宽度兼顾行车、种植、埋电杆、开渠、建分水井、清塘消淤六个方面。

一般主堤面宽10～12米。副堤面一般在8米左右。

（2）**堤高**　堤高就是从堤面到鱼塘底部的垂直高度。不同类型的鱼塘，它的堤高不一样。一般堤高都要比鱼塘最高水位高出50厘米左右。

（3）**坡比**　坡比就是堤高与坡底之比。坡比的大小要根据不同鱼塘不同土质等情况来确定。土质好，浅水小塘的坡比一般是1∶(1.5～2)。深水大塘或土质差，其坡比可以加大到1∶3。坡比大，便于施工、生产操作和管理，不易塌陷，还能在坡面上种植青饲料。

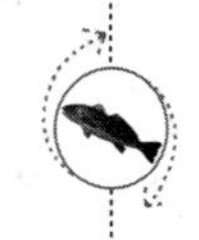

5. 进、排水系统设计要点

进、排水系统由水源、进水口、各类渠道、水闸、集水池、分水口、排水沟等部分组成。进排水渠道要畅通，鱼池进水与排水口应设斜对处。

二、池塘改造

鱼池条件直接关系到鱼产量的高低。鱼塘改造主要是指鱼池水浅，堤埂过低，鱼池不能灌排水，塘底淤泥过厚，鱼塘形状不规则，不利于排涝和管理。另外由于使用多年，部分多年养鱼池塘的“老化”进程加速，有效养殖周期明显缩短，因此有必要对养殖池塘进行改造翻新。

1. 老化鱼塘主要表现及危害

（1）**养殖水体普遍发现富营养化**　常见的鱼池水中溶解或者非溶解态有机物质的浓度增高，氮、磷含量上升，pH 值和生化耗氧量超出正常范围，透明度下降，水色变绿，硅藻等常见的优势种类被鞭毛藻等代替。情况严重的地方，上述富营养化已经扩展到池外水域，生态平衡受到严重威胁。

（2）**池底“黑化”程度加剧**　养殖期内，几乎有一半以上的池底长期处于严重的还原状态，变黑和发臭异常迅速。有的在局部，有的则大面积发生。池底生物组成贫乏，可以充作饵料的底栖生物几乎绝迹。这种现象是鱼池老化的原因之一，对养殖生产非常不利。

（3）**饵料利用效率下降**　养殖过程中，一方面出现残饵数量不断增多，另一方面鱼的空胃率却不断提高。池养鱼类的活力变弱，饵料系数逐年有所提高。

（4）**鱼类受到的主要危害**

①影响品质：由于池底黑化后发黑发臭，鱼类长期在这样的环境下养殖会影响其体色及肉质，使体色不鲜艳、口味差，影响售价。

②影响生长：鱼类喜清新的环境，底质受到污染而黑化后会产生有害物质，不利于鱼的生长。

③引发疾病，造成死亡：池底黑化，造成底部污染，易滋生细

菌，细菌大量繁殖会导致鱼病发生，轻则影响生产，重则引起大量死亡。

2. 池塘老化的原因

（1）由于养殖前未进行清淤或清淤不彻底，存留的淤泥中含有大量有机物质，水温适宜时发黑变臭。

（2）放养密度过大，投饲量过大或投饲太集中，造成饲料过剩，一段时间内残饲及大量鱼类的排泄物及有机碎屑不能分解、转化而沉积在池塘底导致水体混浊，腐败变质，发黑发臭，继而污染池底。

（3）大量使用生石灰和漂白粉，致使塘底严重钙化，养殖池水自净能力下降，塘底对养殖池水的缓冲能力下降，并且钙化后的塘底易使养殖池水相对缺乏磷酸盐和可溶性硅酸盐。

（4）池底生长大量水草及藻类，条件不适时水草藻类死亡，时间过长引起腐烂变质，造成池底发黑。

3. 池塘整治主要采取的措施

（1）**池塘维修**　主要有修理闸门，清除闸门壁上的牡蛎等附着生物，加固塘堤，整理堤面，使堤面适当向外倾斜，避免更多的雨水和有害物质进入池塘。

（2）**底质改良**　即把大塘改小塘，成鱼塘一般水面 8 ~ 15 亩为宜，鱼种池水面 3 ~ 5 亩，鱼苗池的面积应控制在 2 ~ 3 亩。清除污泥，处理底质。池塘底泥以壤土为好，其保肥、保水性能强；沙质土保水性能差；黏土易浑浊，常会因淤泥过厚、腐殖质发酵产生有害气体及大量耗氧，在拉网操作时也不方便。沙质底泥的改良可在池底补铺约 20 厘米厚的壤土或黏土，同时注意池壁防漏；黏土底质的改良可通过多次冲洗池塘，用人工或机械清除过多淤泥，同时加以 70 克/平方米生石灰处理后曝晒；也可填砂铺底，或者铺设薄膜或水泥底等。底质处理完毕后再用 20 毫克/升微生态活菌制剂浸塘 5 ~ 7 天，分解有机物，改良土壤。

（3）**浅塘改深塘**　深水环境有利于鱼类适应气候的变化和栖息生活，并且可以通过提高放养数量、成活率提高产量。池塘挖

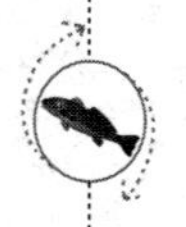

深可将开挖的底泥铺在池埂上，也可另行挖土填高池埂。一般成鱼塘水深2.5~3米，鱼种池水深2米左右，鱼苗池水深为1~1.5米。池塘改深后，在底土和池壁表面用高浓度的池底消毒剂全池喷洒，对池塘新环境进行彻底消毒。

（4）**加强增氧设施的配备**　老化的养殖池塘在养殖中后期时，水质容易变化，导致溶解氧匮缺，要尽可能地配置增氧设备，把死水塘改造成活水塘，其办法是：修建简易引水渠道，使鱼池和水源相通，和排水沟相连；采用机械抽水，定期更换鱼池用水；渔农两用，打机井引用地下水入塘。可按每4.5亩养殖水面配备2台水车式增氧机、1台沉管式增氧机、1台射流式增氧机。

（5）**改善进、排水系统**　即进、排水渠道必须独立，要求水体排灌方便，以防止新、老海水互相混杂或者出现海水“回笼”和“串池”；养殖场应有足够的贮水能力（贮水塘水体要求占鱼池总水体的1/20左右或者更多），避免接纳富含有机质的工业废水及生活废水污染养殖池塘。提倡在池塘中间增加排污设施（管道）。这是因为开动增氧设施时，池底污染物会在旋转作用力带动下集中至池中底凹部。不定期地开启中间排污设施闸门，可以在增氧机配合下把池底污物吸到池外污水处理沟，确保池塘内环境因子处于最佳控制范围内。

第四节　水源及处理

一、水源

1. 使用无污染的水源

水源条件：要求水量充足、清洁、不带病原生物以及人为污染等有毒物质，水的物理和化学特性要符合国家渔业水质标准，适合养殖鱼类的生活要求。养殖场水源的水质优劣与鱼类的成长有着密切关系。检查水质须从物理、化学、生物三方面来进行。首先，要求注排水系统的注水排水渠道分开，单注单排，避免互相污染；在工业污染和市政污染水排放地带建立的养殖场，在设计时应考虑修建蓄水池，水源经沉淀净化或必要的消毒后再灌入池塘中，防止病原从水源中带入。

2. 水色

水色随物化性质和生物种类的不同而异。如含铁化合物的水为黄色，腐殖土溶解在水中呈褐色、黄绿色、黄色或绿色，大量的碳酸钙溶解于水呈绿色，水中有蓝绿藻呈蓝绿色等。水色是水的肥瘦度的标志，建立养殖场应选择较肥的水源。

3. 水的酸碱度

过酸过碱的水均不宜鱼类生长，鱼类一般适于微碱性的水。

4. 气体溶解量

对于鱼类生存有关的气体，常指氧气（O_2）、二氧化碳（CO_2）、氮气（N_2）、氨气（NH_3）、硫化氢（H_2S）及沼气（CH_4）等。前三者是大气的组成者，后三者是水中的有机体分解所产生的。它们在水中的溶解量多少，对鱼类的呼吸、水中天然饵料繁殖皆有密切关系。鱼类一般喜欢生活在氧气充足的水中。

5. 有毒物质

如果水中有大量生物繁衍生长，则说明水质含有毒物不多或没有；如果水中生物极少，放入几尾小鱼又出现异常，则表明水中有毒物质含量较多。这种办法叫生物实验，这种小鱼叫试水鱼。但是，不管现场调查或者生物实验，都不能精确地反映水质的真正情况，因此，凡条件允许的地区，都应经环保、科研、学校等单位取样进行水质检测。这是确定水质能否用于发展养鱼的最可靠办法。

养鱼水质要求及条件参照渔业水域水质标准见表 5－2。

表 5－2　渔业水域水质标准

编号	项目	标准
1	色、臭、味	不得使鱼虾贝藻类带异色、异臭、异味
2	漂浮物质	水面不得出现明显油膜或浮沫

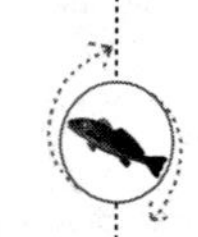

续表

编号	项目	标准
3	悬浮物质	人为增加的量不得超过10毫克/升，而且悬浮物质沉积于底部后，不得对鱼虾贝藻类产生有害影响
4	pH值	淡水6.5~8.5，海水7.9~8.5
5	生物需氧量（5天20℃）	不超过5毫克/升，冰封期不超过3毫克/升
6	溶解氧	24小时中，16小时以上必须大于5毫克/升；其余在任何时刻不得低于3毫克/升；鲑科鱼类栖息水域除冰封期其余任何时候不得低于4毫克/升
7	汞	不超过0.000 5毫克/升
8	镉	不超过0.005毫克/升
9	铅	不超过0.1毫克/升
10	铬	不超过1.0毫克/升
11	铜	不超过0.01毫克/升
12	锌	不超过0.1毫克/升
13	镍	不超过0.1毫克/升
14	砷	不超过0.1毫克/升
15	氰化物	不超过0.02毫克/升
16	硫化物	不超过0.2毫克/升
17	氟化物	不超过1.0毫克/升
18	挥发性酚	不超过0.005毫克/升
19	黄磷	不超过0.002毫克/升
20	石油类	不超过0.05毫克/升
21	丙烯腈	不超过0.7毫克/升
22	丙烯醛	不超过0.02毫克/升
23	六六六	不超过0.02毫克/升
24	滴滴涕	不超过0.001毫克/升
25	马拉硫磷	不超过0.005毫克/升
26	五氯酚钠	不超过0.01毫克/升

续表

编号	项目	标准
27	苯胺	不超过0.4毫克/升
28	对硝基氯苯	不超过0.1毫克/升
29	对氨基苯酚	不超过0.1毫克/升
30	水合肼	不超过0.01毫克/升
31	邻苯二甲酸二丁酯	不超过0.06毫克/升
32	松节油	不超过0.3毫克/升
33	1，2，3－三氯苯	不超过0.06毫克/升
34	1，2，4，5－四氯苯	不超过0.02毫克/升

二、水处理

水产养殖场的水处理包括源水处理、养殖排放水处理、池塘水处理等方面。养殖用水和池塘水质的好坏直接关系到养殖的成败，养殖排放水必须经过净化处理达标后，才可以排放到外界环境中。

1. 源水处理设施

水产养殖场在选址时应首先选择有良好水源水质的地区，如果源水水质存在问题或阶段性不能满足养殖需要，应考虑建设源水处理设施。源水处理设施一般有沉淀池、过滤池、杀菌消毒设施等。

（1）**沉淀池**　沉淀池是应用沉淀原理去除水中悬浮物的一种水处理设施。沉淀池的水停留时间应一般大于2小时。

（2）**过滤池**　过滤可用砂滤池或压力滤器。砂滤池由多层大小不同的沙和砾石组成，利用水的重力通过沙滤池。常用的砂砾颗粒大小为细沙1～2毫米，砂沙2～5毫米，砾石5～15毫米。过滤池最好分成两个各自独立的部分，当一部分在使用时，另一部分可以进行洗涤或保养。当沙滤池表面杂物较多，过滤能力下降时，打开开关可进行反冲洗，使过滤池恢复过滤能力（图5－3）。

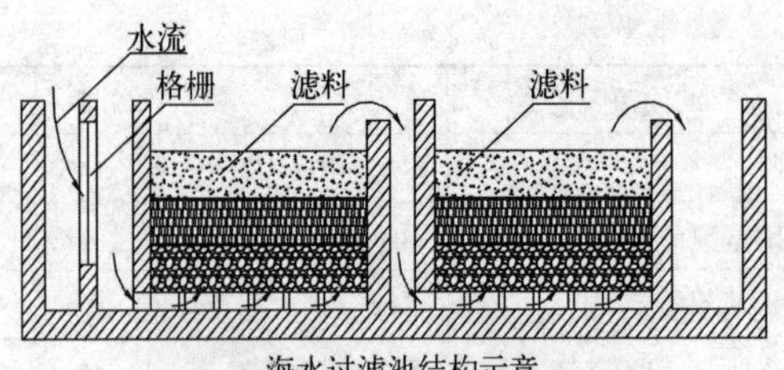

海水过滤池结构示意

海水过滤器

图 5－3　海水过滤池结构示意（上）和海水过滤器（下）

（3）**杀菌、消毒设施**　养殖场孵化育苗或其他特殊用水需要进行源水杀菌消毒处理。目前一般采用紫外杀菌装置或臭氧消毒杀菌装置，或臭氧－紫外复合杀菌消毒等处理设施。杀菌消毒设施的大小取决于水质状况和处理量。

紫外杀菌装置是利用紫外线杀灭水体中细菌的一种设备和设施，常用的有浸没式、过流式等。浸没式紫外杀菌装置结构简单，使用较多，其紫外线杀菌灯直接放在水中，既可用于流动的动态水，也可用于静态水。

臭氧是一种极强的杀菌剂，具有强氧化能力，能够迅速广泛地杀灭水体中的多种微生物和致病菌。

臭氧杀菌消毒设施一般由臭氧发生机、臭氧释放装置等组成。淡水养殖中臭氧杀菌的剂量一般为 1～2 克/米^3，臭氧浓度为 0.1～0.3 毫克/升，处理时间一般为 5～10 分钟。在臭氧杀菌设施之后，应设置曝气调节池，除去水中残余的臭氧，以确保进入鱼池水中的臭氧低于 0.003 毫克/升的安全浓度。

2. 排放水处理设施

目前养殖排放水的处理一般采用生态化处理方式，也有采用生化、物理、化学等方式进行综合处理的实例。

养殖排放水生态净化处理，主要是利用生态净化设施处理排放水体中的富营养物质，并将水体中的富营养物质转化为可利用的产品，实现循环经济和水体净化。养殖排放水生态净化水处理技术有良好的应用前景，但许多技术环节尚待研究解决。

（1）**生态沟渠**　生态沟渠是利用养殖场的进、排水渠道构建的一种生态净化系统，由多种动植物组成，具有净化水体和生产功能。

生态沟渠的生物布置方式一般是在渠道底部种植沉水植物、放置贝类等，在渠道周边种植挺水植物，在开阔水面放置生物浮床、种植浮水植物，在沟渠水中放养滤食性、杂食性水生动物，在渠壁和浅水区增殖着生藻类等（图5－4）。

图5－4　生态沟渠

有的生态沟渠是利用生化措施进行水体净化处理。这种沟渠主要是在沟渠内布置生物填料，如立体生物填料、人工水草、生物刷等，利用这些生物载体附着细菌，对养殖水体进行净化处理。

（2）**人工湿地**　人工湿地是模拟自然湿地的人工生态系统，它类似自然沼泽地，但由人工建造和控制，是一种人为地将石、砂、土壤、煤渣等一种或几种介质按一定比例构成基质，并有选

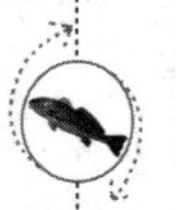

择性地植入植物的水处理生态系统。人工湿地的主要组成部分为：人工基质、水生植物、微生物。人工湿地对水体的净化效果是基质、水生植物和微生物共同作用的结果。人工湿地按水体在其中的流动方式，可分为两种类型：表面流人工湿地和潜流型人工湿地（如图5－5所示）。

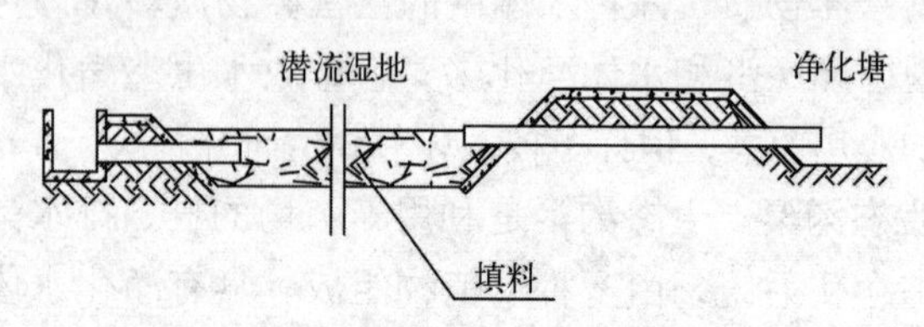

图5－5　潜流湿地立面图

人工湿地水体净化包含了物理、化学、生物等净化过程。当富营养化水流过人工湿地时，砂石、土壤具有物理过滤功能，可以对水体中的悬浮物进行截流过滤；砂石、土壤又是细菌的载体，可以对水体中的营养盐进行消化吸收分解；湿地植物可以吸收水体中的营养盐，其根际微生态环境，也可以使水质得到净化。利用人工湿地构筑循环水池塘养殖系统，可以实现节水、循环、高效的养殖目的。

（3）**生态净化塘**　生态净化塘是一种利用多种生物进行水体净化处理的池塘。塘内一般种植水生植物，以吸收净化水体中的氮、磷等营养盐；通过放置滤食性鱼、贝等吸收养水体中的碎屑、有机物等。

生态净化塘的构建要结合养殖场的布局和排放水情况，尽量利用废塘和闲散地建设。生态净化塘的动植物配置要有一定的比例，要符合生态结构原理要求。

生态净化塘的建设、管理、维护等成本比人工湿地要低。

3. 池塘水体净化设施

池塘水体净化设施是利用池塘的自然条件和辅助设施构建的原位水体净化设施。主要有生物浮床、生态坡、水层交换设备、藻类调控设施等。

（1）**生物浮床**　生物浮床净化是利用水生植物或改良的陆生植物，以浮床作为载体，种植在池塘水面，通过植物根系的吸收、吸附作用和物种竞争相克机理，消减水体中的氮、磷等有机物质，并为多种生物生息繁衍提供条件，重建并恢复水生态系统，从而改善水环境。生物浮床有多种形式，构架材料也有很多种。在池塘养殖方面应用生物浮床，须注意浮床植物的选择、浮床的形式、维护措施、配比等问题。

（2）**生态坡**　生态坡是利用池塘边坡和堤埂修建的水体净化设施。一般是利用砂石、绿化砖、植被网等固着物铺设在池塘边坡上，并在其上栽种植物，利用水泵和布水管线将池塘底部的水提升并均匀的布撒到生态坡上，通过生态坡的渗滤作用和植物吸收截流作用去除养殖水体中的氮、磷等营养物质，达到净化水体的目的。

（3）**水层交换设备**　在池塘养殖中，由于水的透明度有限，一般1米以下的水层中光照较暗，水温降低，光合作用很弱，溶氧较少，底层存在着氧债，若不及时处理，会给夜间池塘养殖鱼类造成危害。水层交换主要是利用机械搅拌、水流交换等方式，打破池塘光合作用形成的水分层现象，充分利用白天池塘上层水体光合作用产生的氧，来弥补底层水的耗氧需求，实现池塘水体的溶氧平衡。

水层交换机械主要有增氧机、水力搅拌机、射流泵等。

第五节　池塘清整消毒

一、池塘及水体消毒的目的

池塘清整是为了改善池塘条件，为鱼种培育创造良好的生态环境。有些池塘由于多年养殖生产，池底淤泥增厚，池埂也因常年风吹雨淋及风浪冲击失修严重，甚至出现崩塌、漏水，对这样

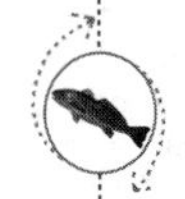

的池子应进行清整。在冬季或农闲时将池水排干，挖出池底淤泥，让池底自然曝晒。在海水鱼池塘养殖中（主要是鲻、梭鱼），清理池塘是改善池塘环境条件，预防疾病的有效措施之一，它能提高苗种成活率，增加鱼产量。

池塘养过鱼以后，由于死亡的生物体（浮游生物、细菌等）、鱼粪便、残存饵料和有机肥料等不断沉积，加上泥沙混合，使池底形成一层较厚的淤泥。池塘中淤泥过多时，当天热、水温升高后，大量腐殖质经细菌作用，急剧氧化分解，消耗大量的氧，使池塘下层水中的氧消耗殆尽，造成缺氧状态。在缺氧条件下，嫌气性细菌大量繁殖，对腐殖质进行发酵作用，而产生多量的有机酸、硫化氢和沼气等有毒物质，使水质恶化、危害鱼类。另外，各种致病菌和寄生虫大量潜伏，害鱼、杂鱼等也因注水而进入池内，这些都对鱼类生长不利。因此，必须做好池塘清整工作，而且每年都要重复一次。

二、清塘及水体消毒使用药物的原则

在使用清塘、消毒药物时，除了认清正宗厂家产品外，还要坚持以下原则：

（1）尽量使用不污染环境且成本低的药物。

（2）放养前的清塘及水体消毒，用药浓度宁大勿小，以达到彻底杀灭敌害生物的目的。

（3）放苗前的水体消毒要安排足够的时间，一定要待药性失效后才能放入鱼苗。

（4）养殖期间的水体消毒，要合理掌握药物浓度，既要达到杀灭敌害生物的目的，又不至于伤害鱼类。

（5）不要盲目施用剧毒农药，特别是残留大的农药。

三、常用的药物清整池塘的方法

1. 茶饼清塘

茶饼清塘是山茶科植物的果实，榨去油后剩下的渣滓，茶子饼在两广俗称茶麸，内含有皂角甙10%～15%，是一种溶血性毒素，能使鱼类红血球溶化而死亡，使用浓度每立方米水体15～20克。使用前先将茶饼捣碎成小块，放在水桶或水缸中加水浸泡，水温15℃时，浸泡2～3天，水温高时浸泡24小时即可。选择晴天的中午，同鱼塘连浆带渣加水冲稀向全池泼洒。茶饼的药效很强，除杀死野杂鱼外，还能杀死贝类、虫卵及昆虫。清塘后10～15天毒性消失。茶饼药力消失后，还有肥效作用，能促使藻类生长。若能与生石灰混合使用，效果更好。失效时间为2～3天。

2. 鱼藤精清塘

毒杀鱼类效果很好，其有效成分是鱼藤酮。市售鱼藤精含鱼藤酮量不同，常见的有2.5%和7.5%两种，用药浓度一般为2～3毫克/升。但鱼藤酮在高温、阳光和空气中极易失效。因此，使用前必须先进行效果试验，以此调整用药量，才能达到杀死鱼类的目的。它具有用药量少、效果佳、消失快等优点，施药后7～8天后可进行放养。

3. 生石灰清塘

生石灰水化后起强烈的碱性反应，放出大量的热，产生氢氧化钙（强碱），在短时间内使水的pH值迅速提高到11以上，同时释放出大量热能，具有强烈破坏细胞组织的作用，能杀死野杂鱼、水生昆虫和病原体等。并能使水澄清，还能增加水体钙肥，提高水体的pH值。施石灰前应尽量将水排干，使用浓度为每立方米水体加生石灰400克，淤泥多的塘，适当增大浓度。将石灰浆或粉均匀拨遍全池。清塘后10天左右，毒性消失，即可进行放养。失效时间为7～8天。在养殖期间，用于升高塘水pH值。使水提升1单位pH值的用量为10毫克/升。

4. 漂白粉清塘

漂白粉为白色颗粒状粉末，其吸收水分或二氧化碳时，产生大量的氯，因而杀菌效果比生石灰强。但露空时，氯易散失而失效，失效时间为4～5天。漂白粉是使用了多年的第1代消毒剂。消毒方法是每亩平均水深1米，用含氯量25%的漂白粉5千克，先将

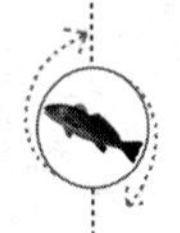

漂白粉放入水桶内加水溶解，然后均匀泼遍全池。然后，用搅板反复推拉水体，使其充分混合，3 天后可进水放养鱼种。

5. “六六六”清塘

“六六六”粉剂需 15 ~ 20 毫克/升以上对野杂鱼才有毒害作用。水深 1 米，每亩用药 10 ~ 13 千克。使用时，将药稀释，盛入喷雾器中均匀喷洒。

6. 滴滴涕清塘

常用的为 5% 的可湿性滴滴涕，其毒性作用缓慢，药效持久性强，平均水深 1 米，每亩用量 1.5 ~ 2 千克。用时将乳剂溶于水中，剧烈拌动，徐徐加水，反复搅拌，使其充分乳化，均匀泼洒。

7. 氨水清塘

氨水（含氮 12.5 ~ 20）清塘可杀死鱼类等动物，但对植物和水生昆虫等杀害力差。氨水清塘的好处是失效快，且兼施肥。将池水排剩 20 厘米时，按每亩 10 千克左右，进行全池泼洒。

8. 强氯精

强氯精的化学名称为三氯异氰尿酸，为白色粉末，含有效氯达 60% ~ 85%，其化学结构稳定，能长期存放，1 ~ 2 年不变质。在水中分解为异氰尿酸、次氯酸，并释放出游离氯，能杀灭水中各种病原体，强氯精可称为第 2 代消毒剂。强氯精的出现，逐步代替了漂白粉的使用。通常用于放养前的水体消毒和养殖期间的水体消毒，前者使用浓度 1 ~ 2 毫克/升，后者为 0.15 ~ 0.20 毫克/升。失效时间为 2 天。

9. 敌百虫

敌百虫是一种有机磷酸酯。为白色结晶，易溶于水。其作用主要为抑制胆碱酯酶活性，使用浓度为 2.0 ~ 2.5 毫克/升，对鱼类杀伤力大。常用于放养前的清塘，以杀灭塘中敌害鱼类、虾及蟹类。

10. 二氯异氰尿酸钠

二氯异氰尿酸钠为白色晶粉，含有效氯 60% ~ 64%，其化学结构稳定，比漂白粉有效期长 4 ~ 5 倍。一般室内存放半年后仅降低有效氯含量的40.16%。易溶于水。在水中逐步产生次氯酸。由于次氯酸有较强的氧化作用，极易作用于菌体蛋白而使细菌死亡，从而杀灭水体中的各种细菌、病毒。二氯异氰尿酸钠可称为第3代水体消毒剂。养殖中后期的水体消毒，应首选此药物。使用浓度为0.2毫克/升。失效时间为2天。

11. 二氧化氯制剂

市面上销售的二氧化氯有固体和液体的。固体二氧化氯为白色粉末，分A、B两药，即主药和催化剂。使用时分别将A、B药加水溶化，混合后稀释，即发生化学反应，放出大量的游离氯和氧气，达到杀菌消毒效果。水剂的稳定性二氧化氯使用效果更好。二氧化氯制剂可称为第4代水体消毒剂，其还可以用于鱼虾鲜活饵料的消毒。前者使用浓度为0.1~0.2毫克/升，后者为100~200毫克/升。失效时间为1~2天。

12. 碘

碘又称碘片，是由海草灰或盐冈中提取，为灰黑色或蓝黑色片状结晶。不溶于水，易溶于乙醇。其醇溶液溶解于水，能氧化病原体原浆蛋白的活性基因，对细菌、病毒有强大的杀灭作用。在水产养殖水体消毒中，一般使用碘的化合物或复合物，如碘化聚乙烯咯烷酮（PVP-1）、贝它碘、I碘灵等。我国已生产PVP-1，其消毒浓度为150毫克/升。碘与汞相遇会产生有毒的碘化高汞，必须特别注意。

清塘后闸门进水要经过密网过滤，防止敌害生物入鱼塘。

第六节　基础饵料生物的培养

一、进水

清池之后，药效消失即可开闸进水。进水网的安装，外闸槽（总进水口）应装设1厘米左右网目的平板网，以阻拦浮草、杂物

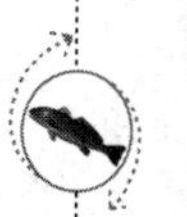

进入网袖；内闸槽需安装40～60目筛绢锥形袖网，网长8～12米。滤水网应严密安设，用综丝、橡胶或麻片塞严闸槽和闸底的缝隙。进水应缓慢，切勿因水流过急而冲破滤水网。每次进水前应首先检查滤水网是否破裂，并扎紧、扎牢网口，避免滑脱。

进水之后应将网袋内的鱼虾杂物倒出，扎好网口，挂在闸框上晾晒。以水泵提水直接入池的精养池，应在入池管口上安设筛绢袋或网箱，严防敌害生物入池。

二、繁殖基础饵料生物

在鱼苗入池前，要培养足够的基础饵料生物。因为基础饵料生物的适口性好、营养全面，是任何人工饲料所不能代替的。是提高鱼苗的成活率，增强鱼苗的体质和加速鱼苗生长的重要物质基础。同时饵料生物特别是浮游植物对净化水质，吸收水中氨氮、硫化氢等有害物质，减少鱼病，稳定水质将起到重要作用。这是养殖生产程序中的一个不可缺少的生产环节。海水鱼塘通常比淡水鱼塘的水质要瘦些。因此，清塘毒性消失后，要施基肥，应争取早施，施足量。使其促使饵料生物的生长，鱼苗入塘后，便能摄食到较多的天然饵料。

目前繁殖饵料生物的方法，一般是在清池后首先进水50～60厘米，然后逐渐添加新水，并视水色情况适时适量施加肥料，使放苗时的水深和透明度都达到放苗要求。放苗后仍可根据情况继续施肥肥水。施肥的种类和方法：新建鱼池以施有机肥料（如禽、畜粪、绿肥和混合堆肥等）为好，这些肥料有的可以直接摄食，或者通过肥效的作用繁殖饵料生物，而且有机肥营养全面，耐久性强。施肥量为每亩100千克左右，分2～3次投入，基肥的种类可根据各地具体情况而定，一般以畜禽和人粪便为佳。然后，视池水肥瘦和肥料种类再加以调节水质。如果是旧塘，底泥有机物较多，可施肥或不施基肥。化肥的种类多用硝酸铵、硫酸铵、碳酸氢铵、磷酸二铵、尿素、复合磷肥等。施肥量应根据池水的肥度、生物组成而定，一般每次施氮肥2毫克/千克（以含氮量计），磷肥 0.2 毫克/千克（以含磷量计），前期每 2～3 天施肥一次，后期每 7～10 天施肥一次。当池水透明度达 30 厘米以下时，应停止施肥。若肥水后水又变清，或出现异常水色，可能是由于原生动物、甲藻等大量繁殖所致，可排掉池水，重新纳水引种肥池，也可以从浮游生物种类和生长状态良好的蓄水池或临近鱼池内引种。

此外，在鱼苗放苗前和养殖初期，还可从海滩、盐场贮水池中采捕蝶赢蜚、钩虾、沙蚕、拟沼螺等饵料生物移植入池，使其在鱼池内繁殖生长，为鱼苗提供优质饵料。从防病的观念出发，要十分注意采捕环境，避免移入携带病毒的生物饵料。

施基肥应在鱼苗入池前 10～15 天，使池水肥沃后能繁殖较多的饵料生物，为下塘的鱼苗准备丰富的饵料，这样鲻鱼苗入池后便能迅速生长。鱼苗下塘时透明度最好是 30 厘米左右。

三、水质培肥

为了增加池水中的营养物质，使浮游生物处于良好的生长、繁殖状态，促进光合作用并给鱼苗提供充足的天然饲料，施肥是水质管理的一项重要工作。鱼塘一般在清塘后施放基肥。在放养鱼苗后仍要不断施肥（称为施追肥），使池塘的肥度适中、稳定，水色经常保持浅褐带绿或浅绿色，这样水中能保持合适数量的浮游生物。如果水色变清，可能是鱼类吃掉浮游生物或绿肥量不足。正常的情况下，每 4～5 天加追一次化肥肥料。有机肥每周施一次。到养殖中后期，由于投饵和鱼类排泄物等缘故，水质较肥可以适当少施或不施肥，防止池水过肥。

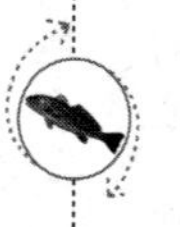

鱼苗水质要求较严格。如何掌握施肥的时间及用量适度，一般经验是根据水色及透明度来决定，其原则是及时追肥，少量勤施，以使肥度稳定。平常定性确定水质的好坏可用“一触，二尝，三闻，四观”法。即用手指捻水，滑腻感强的不是好水；口尝时苦涩不堪的不是好水，咸而无味的才是好水；鼻闻有腥臭味的不是好水；眼观水中的浮游种类组成缺乏，水色异常（发红，变暗），

泡沫量大，且带杂色的不是好水。正常的海水泡沫为白色，泡沫量越大，表示海水的富营养化越严重。

理想的水色是由绿藻或硅藻所形成的黄绿色或黄褐色。这些绿藻或硅藻是池塘微生态环境中一种良性生物种群，对水质起到净化作用。目前最常用的培养水色的方法是在池水中按一定的比例施放氮肥和磷肥，一般施放氮磷肥的比例为20∶1。

第七节　鱼苗放养及中间培育

一、鱼种放养

鲻鱼鱼苗放养时间视各地鱼苗出现的时间、鱼种培育时间的气候等情况有所不同，一般宜早不宜晚，早入苗生长期长，有利于提高产量。广东、福建放养鲻鱼的时间约在2—3月。浙江一般在4—5月放苗。南方各省沿海，一般放养2～3厘米的鲻鱼苗，到年底可养成食用鱼。种苗要求体质健壮、鳞片完整、肉质肥满、体色光洁、游动活泼正常。

二、鱼苗放养前的准备

1. 拉网除野

在鱼苗下塘之前要用较密的网拉网1～2次，以清除塘中的野杂鱼、蛙卵、水生昆虫等敌害生物。

2. 检查水质及水温

在鲻鱼苗放养之前，首先要检查清塘药物的毒性是否已经消失。具体方法为取一盆池塘底层水，放入20～30尾鱼苗，放养1天，若鱼苗活动正常，则表明清塘药物的药性已经消失，即可放苗。若是用生石灰清塘，可测酸碱度，pH值低于9时，表明药物毒性已经消失。同时要注意，鱼苗池的水温与放养鱼种池的水温差，不能超过2℃（图5－6）。

图 5－6　鱼苗放养

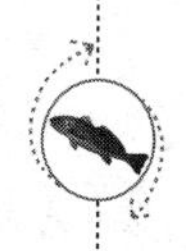

三、适时放苗

鱼苗下塘要掌握好时期。这是非常关键的技术环节。鱼苗下塘时，应选择温暖晴天，避免雷雨天气，要分别测量苗袋及池塘的水温，若两者温差在 2℃以上，不能直接放苗，以免造成鱼苗死亡，应逐渐调节苗袋内的水温，使它与池塘中的温差在 2℃以下，才能将鱼苗放入池塘。具体操作方法是：将装有鱼苗的氧气袋直接放入池塘中 10～30 分钟（两者温差越大，放置时间越长），然后打开氧气袋，加入少量池塘水，每间隔 2 分钟左右加水一次，直至袋内水温与池塘中的温差小于 2℃，方可将鲻鱼苗放入池塘。放苗时应细心操作，动作不宜过猛。鱼苗刚下塘时，对环境变化非常敏感，故应加强营养，增强体质。鱼苗过数后，放入预先安装在培育池中网目为 60～80 目的网箱中，投喂经 60 目纱绢搓洗过滤出来的熟蛋黄或全脂奶粉悬浊液，约经 10 分钟后，就可将鱼苗轻轻放入池中。10 多天后，鲻鱼苗体壮活泼，群集逆流，再把池水加深到 1 米左右，并放入其他鱼种。这种做法保证幼小的鲻鱼不受其他鱼种争食，使鲻鱼苗有充足饵料，有利其生长，从而提高鲻鱼苗的成活率。

四、放养密度

放养密度应根据培育方法、池塘条件、水质环境、人工饲料及培育管理水平等灵活掌握。专门养鲻鱼的池塘，每亩可放3.3厘米的苗种4 000尾，或6～7厘米的苗种1 500尾鲻鱼。因单养不能充分发挥水体生产力，现多采用混养。混养时各种鱼类搭配比例可根据各地实际情况而定，一般每亩可放数百到1 000多尾。在半咸淡水河涌、低洼地、盐田水面、小型鱼塭等，每立方米水体可放苗300～500尾。广东省的咸淡水池塘一般采用鲻鱼与罗非鱼或黄鳍鲷混养；在淡水池塘，常以鲻鱼与淡水家鱼混养。还有一种混养方式，即是以养殖对虾为主混养鲻鱼，一般放养鲻鱼体长3厘米，每亩20～30尾。放养密度要适中，如放养过密，会因饵料不足导致鱼苗生长缓慢，生长规格不均匀，成活率低；如放养过稀，鱼苗虽生长快、成活率高、规格均匀，但经济效益低。所以，掌握适宜的放养密度，也是鱼苗培育关键技术之一。

五、鱼苗中间培育

鱼苗中间培育，也称中间暂养，我国南方称为标粗，也就是培养大规模苗种。鲻鱼一般从育苗池初池的小苗（体长2.5～3.2厘米），经60～75天的培育，长到9～12厘米，再在养成池继续饲养。这是从育苗到养成之间的一种过渡性生产措施。

1. 中间培育的意义

（1）中间培育水体小，放苗集中，便于控制水环境和投饵管理，提高了鱼苗初期养殖的成活率。

（2）便于对所购鱼苗质量进行有效的监控和评判，选优汰劣，及早发现问题，避免造成以后的被动局面。

（3）就养成阶段而言，缩短了养殖周期，放苗时间和相应的进水时间可灵活掌握，使进水期尽量避开敌害鱼卵、病毒携带生物、赤潮等的多发期。

（4）有利于养成池内基础饵料的生长繁殖。由于采取中间培育，推迟了养成池内的放养时间，为养成池的彻底清池和繁殖饵料生物赢得了时间。

（5）可以更加准确地掌握养成池的鱼苗数量。由于中间培育后计数的准确度高，加之规格大，抗逆性强、存活率相对稳定，为养成期的管理提供了较准确的参数。

然而，中间培育增加了生产管理环节，相应增加了劳动投入和生产成本。中间培育出的鱼苗出池搬运中，若不严格操作，造成大规模鱼苗机械损伤，也会给鱼病的传播打开方便之门，所以要严格认真对待，并结合各地情况，合理确定中间培育的时间和规格。

2. 中间培育设施

中间培育池一般为土池，面积可依据鱼苗需要量合理确定，从2～5亩不等，池深1.2米左右，池底平整，坡度较大，向出苗闸门或涵洞方向倾斜，以便能排干全部池水。

3. 中间培育管理

中间培育池的放苗密度，每亩可放3厘米鱼苗3 000～4 000尾，鱼苗下塘后，每天上下午各投一次大麦和豆饼的混合物，投时以干粉为好，有利于鲻鱼苗的摄食。鱼苗全部下塘后，开始施肥培育浮游动物，随后施肥量可逐步增加，经过1个月左右饲养，鲻鱼苗可长至5～7厘米，这时可转入成鱼塘的养殖。

为了保证鲻鱼幼鱼生长迅速，应加强水质管理，适时进行换水和充气。

第八节　投饵技术

水、种、饵是养殖渔业生产的基础条件，科学喂料不仅有利于鲻鱼的健康生长，而且可节约饲料，提高养鱼效益。为了获得较好的饲养效果，降低养鱼成本，投喂时应注意如下一些问题。

一、坚持“四定”原则

1. 定质

根据鳊鱼的食性和不同发育阶段的饵料要求。饵料质量要求精而鲜，在可能范围内饵料品种要多样化，营养成分要丰富、全面，而且是鱼喜食的饵料。同时饵料要新鲜，不变味不变质。鳊鱼的饵料常用的有豆饼、花生饼、菜籽饼、米糠、麸皮、酒糟、豆渣、蚕蛹、鱼粉等。浙江省海洋水产研究所也曾投喂一些浮萍、鲜嫩陆草、青苔等。较理想的饵料是饼类、米糠、丝状绿藻，再适当搭配鱼粉、蚕蛹等动物性饵料，使饵料中含有较高的蛋白质和脂肪，营养价值较高，促使鱼类更快地生长。在我国台湾省养鳊鱼的饵料是用米糠和花生饼或黄豆饼。在突尼斯养鳊鱼的饵料是采用多样化的，有粮食下脚料、鱼粉混合一些马铃薯、腐烂的青菜、蛋类、头足类和浒苔等。

另外，饲料颗粒大小不仅影响适口性，也影响消化率。选择投喂颗粒饲料的大小要注意适合各生长阶段的鳊鱼摄食。鱼种阶段的颗粒饲料，其粒径大于摄食者的口径时，由于不能及时迅速被鱼种吞食，其大部分沉入水底或溶解在水中，增加了鳊鱼摄食过程中的能量消耗；当粒径过小时，会加大鱼的摄食时间，过多消耗体内的能量，提高饵料系数，减少增重比。

2. 定位

在池塘中定点投饵或设饵料台，一般选择位于池塘一边，池水深度适宜、堤岸行走方便的地方作为固定投饵点，最好再搭建一投料台，以扩大鱼的食场、增加鱼群的活动空间。实践证明，“定点”投饵好处有三：①有利于养殖人员投饵，避免“满塘转”投饵的辛苦与不便；②投饵集中于一点，有利于提高饲料利用率；③有利于观察检查鱼的摄食情况（图 5－7）。

图 5－7　设饵料台定点投饵

3. 定时

定时投喂能使鲻鱼每天保持一定次数的饱食，其生长、同化效率和饲料转化率都会保持较高的水平。投喂次数过多，造成消化不完全，降低饲料利用率；投喂次数过少，每次投喂量必然较大，导致饲料损失严重。营养价值高的饲料可适当投少些，营养价值低的可适当投多些。水温、溶氧高时，可适当多投些，反之则少或停止投喂。春季水温较低时，宜在上午 10 时左右开始投喂。在夏季水温高，每日上午 8 时投饵为好。刚入塘的鱼苗每天投饵两次为好，一个月后可以每天一次。

4. 定量

定量投喂就是根据鱼体大小，在不同季节、时间有节制的投给饵料。投饲量过低，鱼处于半饥饿状态，生长发育缓慢；投饲量过高，不但饲料利用率低，还会败坏水质，滋生病害。适宜的投饲量是使鱼生长速度最快和饲料转化效率最高的保证。每日的投饵量可视鱼池天然饵料的多少、天气变化、水温、水质和鱼的摄食情况来决定，做到“看天、看水、看鱼”。正常的情况下投饵量为 2% ~5%，并结合具体的情况灵活掌握。如水瘦时多投，水色过浓时少投。天晴多投，闷热或连续大雨的天气，少投或不投。

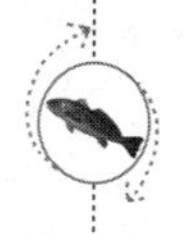

若有“浮头”现象出现，则投饵时间要推迟和减少投饵量。发病时少投或暂不投。每日投饵量以在7~8小时内吃完为宜。

二、驯化投喂

即让鱼形成摄食条件反射，这样能大大减少饲料浪费。方法：每次投喂之前，先用口哨吹响一会儿或用其他东西敲响一会儿，再喂鱼。一段时间后，鱼儿听到响声就会集聚摄食。

三、掌握科学的投喂技巧

投喂方法得当是获得好效益的重要因素。

1. 限量投喂，让鱼吃七八成饱

很多养殖户在喂鱼时，担心鱼吃不饱，要等到食场没有鱼才停喂，甚至有的晚上还加喂一餐，这是很不科学，也是很不经济的。因为如果喂得过饱，许多食物没有经过消化吸收就排出体外，造成浪费，又污染水质。同时过饱的鱼类，易造成“虚胖”现象，易发生疾病。因此鱼吃得越饱，超过一定限度，饲料利用率就低，饵料系数也就越高。在喂鱼时，如果发现有70%~80%的鱼离开食场，就应当停止投喂，也就是以给鱼喂七八成饱为宜。在生产中，要定期抽样检查鱼的生长情况，适时调整投喂量。投喂量掌握在鱼体重的2%~5%，根据水温、天气、鱼类活动等情况做出调整。

2. 均匀投喂

投喂时要注意投饲速度和时间，要耐心细致，注意方法，无论是采用手撒法还是投饵机投喂法，都要做到均匀投喂。饲料要撒得开，保证每尾鱼都有充分摄食的机会。投饲频率要适中，不能过快，过快时鱼来不及吃完，饲料就沉入池底，易造成浪费。也不能太慢，太慢时每次投喂时间过长，鱼抢食消耗体能太多，影响摄食。正常情况下，每次投喂持续时间控制在30~60分钟为宜（视鱼的数量多少而定）。

3. 投喂新鲜饲料

发霉、结块或有异臭的饲料不投喂，以免发生鱼体中毒或诱发疾病。每批饲料均应掌握在保质期内用完。

4. 认真观察，做好记录

通过观察鱼类的摄食情况，能够及时了解饲料的适口性、鱼的摄食强度和鱼病发生情况，便于调整投喂量和诊治鱼病。

第九节　日常管理

饲养管理一切技术措施都是通过管理工作来发挥效能。应根据养殖场的设施条件和周围环境制定养殖场生产、生活区环境清洁消毒制度，池塘杂物清除和清洁卫生制度。在养殖场的工作场所附近应有固定的洗手设施和厕所，且卫生状况良好。养殖废弃物应分别收集，有毒有害和不可降解物质应分类处理。管理工作必须精心细致，主要包括以下内容。

一、巡塘

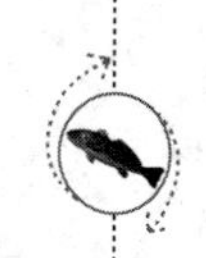

每天坚持巡塘，主要观察水质、鱼活动、浮头以及鱼病等情况，以此决定施肥投饵的数量以及是否要加水、用药等。发现问题即时采取清除池边杂草，合理注水、施肥等措施，使池水既有丰富的适口天然饵料，又有充足的溶解氧。在混养密度较大的情况下，夏季水温高，鱼的代谢加强，耗氧率增大，加之投饵，水质较差，在黎明前后或雷阵雨来临之前，由于气压低、无风、天气闷热时，鱼可能产生“浮头”，严重时甚至会出现大量死亡。因此，每天至少应巡塘两次，黎明时一次，看有无鱼病和“浮头”状况，下午4—5时一次，检查鱼类摄食情况。观察鱼类有无浮头的征兆，做到心中有数。巡塘时，要根据池中各种生物的状态，

判断池水的溶氧状态，如池水呈白色或呈粉红色，说明池水溶氧不足，必须马上加新水，如果发现鱼严重“浮头”，日出后仍不见好转，就要马上打开增氧机，同时加注新水，进行抢救。特别严重时，还应大量泼洒增氧灵，进行抢救，尽量减少损失。

二、防逃

鲻鱼游动迅速且善跳，有逆水习性，要及时加高加固塘埂，有注排水口的池塘，放养前应在注排水口处设竹箔装置。竹箔要有两层，并使竹箔间隙紧密，或安装尼龙网等围栏设施，以防鲻鱼逃逸，造成损失。

三、防病防敌害

定期清洁、消毒养殖场池塘，生产工具应经常消毒。鲻鱼在粗养中很少有病害，但在精养中，放养密度增加、投饵量多，疾病也随之增多，这是值得重视的问题。详细情况在防鱼病害方面再加以叙述。

四、做好日志记录

应建立日记，按时测定水温、溶氧量，记录天气变化情况，施肥投饵数量，注排水和鱼的活动情况等，如发现死鱼要及时捞出，并找出死亡原因，从而找出对应措施。

五、发生泛塘的应急处理

如发生泛塘，鱼已死亡，除立即捞取浮于水面的，还应随即拉网，把死后沉淀的也捞出。由于死鱼不易捕起，应多拉几网，这样可尽量减少损失。

第十节 养殖模式及其效益分析

鲻鱼的养殖方式大致分两大类型，即港塭养殖和池塘养殖。港塭养殖在我国有悠久的历史，是粗养方式，北方沿海称港养，福建称海棣养殖，广东称鱼塭养殖。我们取南北方之称为港塭养殖。它是属于粗养的养殖方式。鲻鱼养殖主要集中在南部沿海。

一、港塭养殖

利用鱼塭养殖鱼虾已有近400年的历史，起初是半流塭的形式，大潮汐被淹没，以后逐渐发展到现有的鱼塭，可抵抗风浪常年能生产，鲻鱼是鱼塭养殖重要的对象。

1. 鱼塭的结构

广东鱼塭是建在中、高潮带内湾或河口地带，面积几百亩至几千亩，多数是300~500亩水面。底质为泥质或泥沙底。堤是土质结构，有时在迎风面有石砌护坡，堤高出大潮汐水位1米以上，堤顶宽度一般为2米左右。有的是交通要道，或者原来是围海造田建设的堤坝，堤高而宽，坚固具有抗台风能力。塭内有若干条水沟，多数是原天然海沟修整而成，因而沟的深度也不同。一般中心沟深为1.5~2米，它纵贯全塭，面对大闸，沟宽3~8米，为鱼虾苗纳入港内的主沟。围绕鱼塭堤周围内侧的沟称为边缘沟（或称环沟），它与中心沟相通，是建筑大堤时挖土而成。沟宽3~6米，深1米以上，它有利于鱼虾在塭内游动和水的流动。在闸门内有较深的地方称为水潭或称鱼窝。水潭连接各条水沟，它是人工修筑加之水流冲刷而成，大小不同，大的鱼塭、水潭有数亩面积，水深3米以上，是鱼类生活栖息和收获时鱼类集中的地方。

鱼塭设有若干闸门，供给纳苗和排灌水。它设在海沟附近底质较坚实处。通常在300亩以下的鱼塭，设混凝土闸门2~3个，300亩以上较大型的鱼塭，每150亩以上水面设闸门一个。闸门宽为

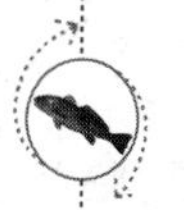

1～1.4米，高1.5～2米（图5-8）。

图5-8　鱼塭闸门

2. 养殖前的准备

每年冬季，鱼虾收获后，将塭水排干，让其曝晒。这是鱼塭养殖增产措施之一，它可以晒死塭内的藻类和水草及其他有害生物，减少病害。晒死的生物因腐败能起着施肥作用，又增大了水体。同时经过曝晒后加速泥中有机物质的分解，起着施肥的效果，有利于饵料生物的繁殖。

晒塭时结合挖沟修堤、修闸。经过1年或数年养殖，沟内淤积许多淤泥，经过清淤、挖沟，加深鱼塭水体。将泥用于修堤、巩固堤坝，淤泥肥沃，下雨后将可溶性磷、氮之类物质带进塭内，起着施肥作用，有利提高鱼的产量。

3. 养殖过程主要包括纳苗与投放种苗和管理两部分工作

（1）纳苗　当前鲻鱼人工繁殖的种苗，仍未能满足生产的需求，因此，主要靠纳苗或捕苗来满足鱼苗的需要。纳苗是利用塭内外水位差，在涨退潮时，适时打开闸门，把塭外的鱼虾苗，引纳进塭内养殖。通常分为逆水纳苗和顺水纳苗两种方法。

逆水纳苗法：是利用鲻鱼苗逆水的习性，把它纳入塭内。其方法是：当潮水初涨时，塭内水位高于塭外，在闸门内端装上闸网，然后提起闸板数厘米，让塭内的水徐徐流出。

随着潮水的上涨，闸板要逐渐升高，流量逐渐增大，流速视鲻鱼苗的游泳能力而定。因塭内水比较澄清，且盐度较低，塭水流入海区形成一支水流，鲻鱼苗逆水而上，汇集于闸口附近，水流出时间越长，鱼苗聚集就越多。待塭内水位高于塭外水位 10 厘米左右，迅速把网闸和闸板全部打开，鲻鱼苗便大量逆水入塭内。待塭内外水位接近平衡时，要立即关闭闸门，防止鲻鱼苗倒流出港塭。

顺水纳苗法：往往与平时装捞鱼获结合起来，先装捞，后纳苗。当潮汐初涨时，塭外水位低于塭内，在闸门外端安放装捞网，绑扎网尾，打开闸板，鱼虾随水而出，进入装捞网。因港内的水大量排出，海区的鲻鱼苗逆水游至闸口附近。当塭内水位稍高于塭外水位时，即关闭闸门，收起装捞网；放开网尾，安装于闸门内端的网框槽上，当塭外水位高于塭内 10 ~ 15 厘米时，提起闸板，塭外的鲻鱼苗随急流而被带入塭内。而塭内种苗受到装捞网的拦阻，无法外逃，待水位近平衡时再关闭闸门。此法适于鱼苗较大，不易逆水入塭的鱼苗，效果很好。广东鱼塭纳苗多采用逆水纳苗，下半年鱼苗较大，多采用顺水纳苗。

要做好纳苗工作，首先要掌握鱼苗的汛期，一般来说，天气暖和纳苗效果好。从 1 天来说，鱼苗小水浊，日潮夜潮均可纳苗。苗大水清，鱼苗感觉灵敏，宜于夜潮纳苗。纳苗操作要尽量减少声响，避免人员在闸门附近频繁走动，以免惊动鱼苗进塭。

（2）**饲养管理工作的好坏直接关系到产量的高低** 主要的管理有：控制水位、调节水质。注意排灌水，保持水质新鲜，灌水可以带入大量的饵料生物。南方鱼塭凡是可以排灌的大潮期，都进行排灌。一般每月约有 12 ~ 15 天以上排灌水。同时，在排水时结合收虾（亦有少量鱼）。灌水时又可纳入一些种苗和带入饵料生物。正常情况下排灌水量不宜超过塭内原来水体的一半，以免因环境变化而影响鱼虾的正常生活。

塭内的水位应保持在 1 米以上，以保证鱼虾类生活在一个比较

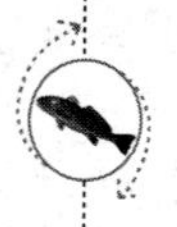

稳定的环境中。水浅，水温变化大，鲻鱼易外逃。

堤闸的维修：鱼塭面向海湾或大海，风浪较大，加之闸门经常排灌水，流速较大，常出现闸门及附近有损坏和漏洞。应经常检查，及时维修，尤其是台风或洪水季节更应注意。在塭的上游有淡水流入塭内，要注意防逃，鲻鱼遇到淡水便易逆水而上。

防敌害：在鱼塭养殖中敌害很多，但对鲻鱼养殖危害较大的是凶猛肉食性鱼类的吞食，如尖吻鲈、鲈鱼、马鲅、海鳗等。它们入塭后生长迅速，体长很快超过鲻鱼，而吞食鲻鱼。防治办法是当肉食性鱼苗出现多时，不纳苗，或用网捕、钩钓等来减少其危害。

国外也有类似港塭养殖的生产方式，尤其意大利的“瓦利”养殖，亦称围栏养殖，有悠久历史，养殖地区很广泛。意大利北部沿岸早在1535年就有61个“瓦利”养殖，1976年“瓦利”养殖面积已发展到40 000公顷以上。它主要是养殖鲻鱼类和鳗鲡，也养少量名贵肉食性种类。其养殖方法很简单，春季纳苗，将鲻鱼苗和鳗鲡引入“瓦利”的暖水中，若鱼苗不足时，人工捕苗投入。鱼类在“瓦利”里获得丰富饵料得以生长和肥育。一般年产量为80～200千克/公顷，其中鲻鱼的产量20～60千克/公顷。

据中村（1967）报道，日本爱知县水产试验站，面积371公顷，平均年产量663千克/公顷。养殖2年鲻鱼体长27.6～30.3厘米，体重490～578克。平均体长29.3厘米，体重为522克，成活率5%～10%。

二、池塘养殖

鲻鱼池塘养殖可分单养和混养两种类型。混养是当前较普遍的一种养殖方式，有鲻鱼与海水鱼类混养，鲻鱼与虾蟹混养，鲻鱼与淡水鱼类混养等多种方式。

1. 单养

各地放苗密度不同，广东省深圳和东莞两市，1980年以来养鲻鱼很普遍，利用海区捕捞的鱼苗，每亩放苗1 000尾以上，当年每尾可长400克左右，产量150千克/亩以上。浙江单养鲻鱼的池塘，一般每亩放养3.3厘米的鱼苗4 000尾，6.7厘米的鱼苗，每亩1 500尾。以色列实行咸淡水池精养鲻鱼，每亩放苗约700～1 300尾。表5－3为珠江口池塘鲻鱼单养的几种模式。

表5－3　鲻鱼的几种池塘单养模式

类型	放养			收获			
	时间（月）	规格（厘米）	密度万（尾/亩）	时间（月）	规格（克）	毛单产（千克/亩）	上市率（%）
Ⅰ龄鱼	4—5	7～9	2 000～2 500	2—3	500～600	833～900	90
Ⅱ龄鱼	2—3	30～31	900～1 000	2—3	1 200～1 400	900～967	95
Ⅲ龄鱼	2—3	43～44	500～533	2—3	1 900～2 100	967～1 033	95

单养鲻的饲养效益见表5－4。一般来说，池养鲻的平均单产量为875千克/亩，产值220 500元，纯赢利2 940元/亩，投入产出比为1∶1.24。

表5－4　池养1冬龄鲻，每生产1千克商品鱼的收入与成本

收入：16.80元/千克；支出：13.60元/千克，其中：			
鱼种费	2.50元	人工工资	0.75元
肥料、饲料费	6.00元	水电费用	0.65元
池塘租金	2.20元	固定资产折旧	0.35元
清塘、消毒药物	0.15元	投资利息	1.00元

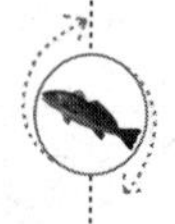

印度Biswas等（2012）采用2种放养密度和投喂、施肥以及两者结合共3种养殖方式，在咸淡水池塘中养殖鲻鱼为期150天，每个池塘面积为600平方米，养殖结果如表5－5所示。

表5－5　不同方式养殖鲻鱼的经济效益比较

项目	数量	单价（卢比）	施肥组	投喂组	施肥加投喂组
生产支出					
种苗	15 000尾/公顷	4.5/尾	67 500	67 500	67 500
牛粪	5 000千克	0.5/千克	2 500	—	2 500
尿素	300千克	7/千克	2 100	—	2 100

续表

项目	数量	单价（卢比）	施肥组	投喂组	施肥加投喂组
过磷酸盐	300 千克	9/千克	2 700	—	2 700
饲料	1 250 千克（投喂组） 2 000 千克（投喂加施肥组）	18/千克	—	22 500	36 000
石灰	2 500 千克	4.5/千克	11 250	11 250	11 250
人工	施肥组 40 人/天，投喂组 45 人/天，施肥加投喂组 50 人/天	110 人/天	4 400	4 950	5 500
合计			90 450	106 200	127 500
5 个月的利息		12%/年	4 523	5 310	6 378
总计			94 973	111 510	127 550
收益					
鲻鱼销售	施肥组 11 692 尾；投喂组 11 461 尾；施肥加投喂组 12 630 尾	三组分别为 10，12，18/尾	116 920	137 536	227 334
利润			21 947	26 026	93 406
投入产出比			1∶1.23	1∶1.23	1∶1.70

注：100 印度卢比 =2.05 美元（2009 年 8 月至 2010 年 8 月）。

2. 混养

混养是利用各种鱼虾蟹类的不同食性和栖息水层，达到更充分发挥水体潜力和充分而合理地利用池中各种饵料，是提高池塘生产力的有效措施。目前国内外普遍采用鲻鱼混养的方式。

（1）咸淡水鱼塘混养方式　南方多数是鲻鱼与罗非鱼或黄鳍鲷等混养，中部地区多与梭鱼混养，或者鲻鱼与对虾混养，鲻鱼、罗非鱼与对虾混养等方式的搭配，目的是充分利用水体，提高产量。在印度洋一太平洋地区许多国家和地区，鲻鱼与狼鲈、海鲫、鳗鲡、香鱼和虾类混养，高产的可达每公顷1.5～2.5吨。在亚速海一黑海地区的咸水鱼塘中，鲻鱼与鰕虎鱼、竹筴鱼、鲱鲤、鲽鱼等混养。

①鲻鱼与黄鳍鲷混养

南海水产研究所1987—1989年对鲻鱼和黄鳍鲷进行了咸淡水混养试验研究，试验池3口，面积为8.4～9.5亩，水深1米左右。利用潮水涨落进行加换水，试验水温17.1～30.4℃，海水盐度2.5～12。

试验结果如表5－6所示，整个生产过程中，饲料开支约占总开支的43%，种苗开支约占总开支的26%，平均每亩获纯利1 848.95元，投入产出比为1∶1.78。

表5－6　鲻鱼与黄鳍鲷混养试验情况

混养种类	放养规格		放养密度（尾/亩）	养殖时间（天）	收获规格		成活率（%）	亩产（千克）	亩纯利（元）
	平体体长（厘米）	平均体重（克）			平均体长（厘米）	平均体重（克）			
鲻鱼	15.4	58.5	310	323	27.1	310.5	80.1	81.2	1 848.95
黄鳍鲷	9.03	32.5	409	244	17.8	164.5	98.0	65.6	

②鲻鱼与梭鱼、鲈鱼的混养

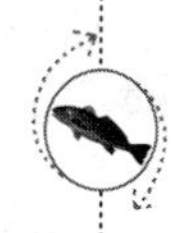

鲈鱼与梭鱼、鲻鱼同属近岸、广盐、广温性鱼类，三者对盐度的变化均具有广泛的适应性，适温范围也基本一致。因此，三者同池混养具有可行性。梭鱼、鲻鱼为植物食性鱼类，在自然海区中通常以底栖硅藻、有机碎屑及水面漂浮的“水华”为饵，在人工养殖条件下，则主要以人工投喂的饵料为食物；鲈鱼在任何环境条件下都喜捕食小鱼、小虾，混养池中自然繁殖的低值鱼、虾类是鲈鱼良好的天然饵料。因此，鲈鱼与梭鱼、鲻鱼混养，在摄食习性上具有互补性，能充分利用池塘生产力，达到增产、增收的目的。

用于混养的鲈鱼苗种，一般为春季采捕或生产的2～4厘米鲈鱼苗。这种规格的鲈鱼苗若直接放养在混养池中，成活率一般低于30%。因此，需经过苗种培育后再进行混养，一般经30～60天的

培育，大约在6月底，当苗种全长达到8~10厘米时，便可出池进行混养。由于梭鱼、鲻鱼的生长速度较鲈鱼慢，为防止被鲈鱼捕食，梭、鲻鱼苗种必须使用越冬鱼种。越冬后的梭鱼鱼种个体重一般为20~50克，鲻鱼个体重可达50~100克。这种规格的苗种与全长8~10厘米、体重10~15克的鲈鱼苗种同池混养，便无被捕食之虑。

鲈鱼与梭鱼、鲻鱼混养，是以梭鱼和鲻鱼为主养品种、鲈鱼为搭配品种的养殖。进行池塘精养的实例较少，一般进行大水面粗养或半精养。池塘形状和养殖面积不限，水深0.5~1.5米，水源可以是海水、半咸水或淡水。精养池面积一般为1.5~15亩。鱼种放养前首先要进行清池，然后每亩投放家畜粪便130千克，进水后培育底栖硅藻，为梭鱼、鲻鱼准备基础饵料。

为了延长梭、鲻鱼的生长期，养成大规格商品鱼，梭、鲻鱼种的放养时间应尽量提前。在北方地区，一般3月底池塘水温可以升至6~10℃，此时梭鱼已开始摄食，应及时结束越冬移入混养池。在江浙一带，3月下旬池塘水温可达12~15℃，也应及时将鲻鱼苗种移入混养池。

鲈鱼苗经苗种培育至6月，一般全长6~10厘米时，便应及时起捕，放养到混养池中。此时混养池中的梭鱼、鲻鱼已生长4个多月，不仅已经适应了混养池的生态环境，而且体长、体重已经有了较大增长；混养池中自然生长的杂鱼虾也已达到一定数量，鲈鱼苗种放养后有充足的天然饵料，对鲈鱼的快速生长也极为有利。

在以梭鱼为主养品种时，精养池每亩放养尾重30~50克的梭鱼苗种500尾，全长6~10厘米、体重10~15克的鲈鱼苗种50~80尾。在以鲻鱼为主养品种时，每亩放养尾重50~100克的鲻鱼苗种400尾，鲈鱼苗种50~80尾。若进行大水面粗养，放苗量应根据混养池的面积大小、是否投喂以及换水条件确定，一般梭、鲻鱼的放养量每亩水面不超过100尾，鲈鱼的放养量为20尾左右。

③河口池塘鲻鱼与多种鱼类混养

广东珠江口两岸鲻鱼与其他半咸淡水鱼类、鲤科鱼类、虾类和锯缘青蟹混养，是非常普遍的一种养殖业。特别是在东莞、深圳两地的半咸淡水鱼塘，以养鲻鱼为主，搭配其他鱼类的多品种混养，逐渐模式化。鲻鱼种苗目前仍靠天然采苗，从海区采捕了2.5～3厘米的鱼苗，经7～12天的驯养淡化养殖，盐度逐渐降低到2～7，再经过长途运输，成活率约75%～95%，经中间培育成5～6厘米的种苗，成活率约为30%～40%，然后转入成鱼池养殖。以鲻鱼为主，多数与草鱼、鳙、鲷（黄鳍鲷、平鲷、黑鲷等）、鲈（鲈鱼、尖吻鲈等）和罗非鱼等混养。其混养模式见表5-7。鲻鱼经一周年养殖，可以长成商品出口规格为0.5～0.6千克/尾，其产量占1/3以上。鲻鱼在港澳需求量大，且价格比家鱼高数倍。因此渔民养殖的积极性很高。

表5-7 鲻鱼的池塘混养模式

混养类型		品种	放养			收获			
			时间（月）	规格（厘米）	密度（万尾/公顷）	时间（月）	规格（克）	密度（吨/公顷）	单产总计（吨/公顷）
鲻为主养对象	Ⅰ	鲻 草 鳙	3—4 1—2 1—2	7～9 20～25 20～25	2.25～3 0.27～0.3 0.06～0.07	2—3 8—9 7—8 2—3	500－600 1 250～1 750 1 250～1 750	12～13.5 3～3.5 1.7～2.4 （2造）	16.7～19.4
	Ⅱ	鲻 蓝子鱼	3—4 4—5	7～9 5～7	2.7～3 1.5～2.25	2—3 2—3	500～600 125～150	12.5～13.5 1.7～2.5	14.2～16
鲻为配养对象	Ⅰ	鲈 鲻	4—5 3—4	10～12 7～9	1.5～2.5 0.15～0.23	11—12 11—12	500～750 500～600	8.75～14.5 0.8～1	9.55～15.5
	Ⅱ	黄鳍鲷 鲻	4—5 3—4	5～8 7－9	3～3.75 0.15～0.23	翌年 5—6	200～250 600～750	5.45～8.5 0.85～1.5	6.3～10
	Ⅲ	紫红笛鲷 鲻	4—5 3—4	10～12 7～9	1.5～2.25 0.15～0.23	11—12 11—12	500～600 500～600	7.15～11.15 0.85～1	8～12.15
	Ⅳ	草 鳙 鲻	1—2 1—2 3—4	20～25 20～25 7～9	0.3～0.38 0.06～0.07 0.45～0.75	7—8 2—3 7—8 2—3 2—3	1 250～1 750 1 500～1 750 500～600	6.75～11.8 （2造） 1.8～2.35 （2造） 2～4	10.56～18.15

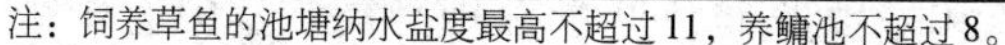
注：饲养草鱼的池塘纳水盐度最高不超过11，养鳙池不超过8。

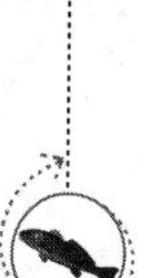

④鲻鱼与中国对虾混养

东海水产研究所1984—1986年在上海郊区奉贤县进行鲻鱼与对虾混养试验，获得鱼虾双丰收。1986年对虾与鲻鱼混养在一口塘里，以对虾为主体，搭配养殖鲻鱼。对虾平均亩产157千克，每千克35.8尾。鲻鱼平均32.9千克/亩，鲻鱼平均体重285.7克。

该所于1983年和1984年在奉贤海水养殖试验场进行试验，以养殖对虾为主，混养鲻鱼。池塘面积2.32亩，有效水位1983年为1.2米，1984年为1.5米。其试验结果见表5－8。从表5－8中可以看出，鲻鱼与对虾混养的密度不宜过大。如果鲻鱼放养过多，不但会影响对虾的生长，而且将会直接影响鲻鱼的养成规格。一般鲻鱼亩产35千克左右为宜，否则，鲻鱼个体太小，影响经济效益。鲻鱼适宜的放养密度每亩120～150尾。在此密度下，鲻鱼与对虾混养，不仅有益于改善养虾池水质，而且可在不影响对虾生长和饵料效率的基础上，增收一定数量的鲻鱼。充分发挥虾池的生产力，提高经济效益。

表5－8　鲻鱼与中国对虾混养的试验结果

	放养情况				收获情况						备注
	品种	日期	尾数	体长（厘米）	日期	总产（千克）	规格（尾/千克）	尾数	成活率（%）	亩产（千克）	
1983	对虾	6.14	45 200	0.7～1.1	10.20	259.5	15	15 570	34.4	112	以螺、蛳杂鱼等生物饵料为主
	鲻鱼	5.15－25	990	4～5	10.20	85.7	2.1	720	72.7	36.9	
1984	对虾	5.24	43 700	0.7～0.8	10.22	364.5	9.2	13 414	30.7	157	30%配合饲料，70%生物饵料
	鲻鱼	5.31	354	5～6.8	10.22	76.5	0.9	260	73.5	32.9	

⑤鲻鱼与尼罗罗非鱼、白虾混养

浙江省海洋水产研究所（1983）在海水鱼塘进行鲻鱼与尼罗罗非鱼、白虾混养试验。试验的水温24.5～31.8℃，海水盐度12.28～22.71。饵料以面粉的下脚料、米糠配以少量豆饼、骨粉为主。养殖结果是鲻鱼和尼罗罗非鱼产量都相当高。其中有一个塘总产284.6千克/亩（鲻鱼136.9千克/亩）。

浙江省临海县（1985）也进行海水养殖罗非鱼、鲻鱼、白虾混养高产试验。在新挖的3.4亩海水塘进行试验。试验期间水温16.3~31.2℃，海水盐度2.56~12.85。11月25日收获，平均亩产304.6千克，其中鲻鱼平均亩产89.9千克，见表5-9。

表5-9　鲻鱼与尼罗罗非鱼、白虾混养的结果

品种	放养时间（月/日）	放养数量与规格			总产量（千克）	单产（千克/亩）
		总数量（尾）	平均体重（克）	每亩数量（尾/亩）		
鲻鱼	5.27 5.27—6.21 7.8	1 309 115 30	4.01 19.80 25.00	427	321.5	94.6
罗非鱼	4.23	3 510	6.68	1 032	744.5	219.0
白虾	8.4 8.6 8.7	667 60 315	2.62	306	7.93	2.33
合计					1 076.67*	316.67*

注：*为含青蟹产量。

⑥鲻鱼与斑节对虾混养

南海水产研究所于1997—1999年在广东汕尾开展鲻鱼与斑节对虾混养试验，共用三口海水池塘：Ⅰ号池以鲻鱼为主养对象，鱼虾比例为1∶10；Ⅱ号池以虾为主养对象，鱼虾比例为1∶40；Ⅲ号池采用单养对虾的方式。试验结果见表5-10。

表5-10　斑节对虾、鲻鱼的放养与收获情况

项目	放养生物	1997年			1998年		
		Ⅰ号池	Ⅱ号池	Ⅲ号池	Ⅰ号池	Ⅱ号池	Ⅲ号池
放苗量/（尾/池）	对虾	50 000	90 000	160 000	45 000	80 000	150 000
	鲻鱼	4 900	2 100	0	4 000	2 000	0
收获量（千克/亩）	对虾	14.5	25.1	15	14.5	25.5	16
	鲻鱼	16.7	11.1	0	25.0	16.7	0

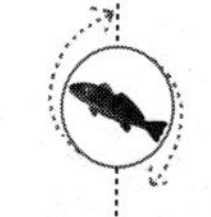

试验结果显示，从生长上来看，在以对虾为主养、鲻鱼为辅的养殖模式下，对虾和鲻鱼的生长及产量都是最好的，而以鲻鱼为主养、对虾为辅的养殖模式相对差些，与单养对虾的模式效果相近。

印度 Biswas 等（2012）在咸淡水池塘中进行为期 180 天的鲻鱼、尖头梭和金点梭与斑节对虾的混养试验，每个土池塘面积为 1 000平方米，养殖结果如表 5 – 11 所示。

表 5 – 11　鲻鱼与斑节对虾混养的经济效益情况

项目		支出金额（卢比）	收入金额（卢比）	
种苗	鲻鱼	450 尾 ×5 卢比/尾 = 2 250	35. 57 卢比/千克 ×140 千克 = 4 980	
	尖头梭	150 尾 ×3 卢比/尾 = 450	9. 29 卢比/千克 ×140 千克 = 1 301	
	金点梭	200 尾 ×1. 5 卢比/尾 = 300	4. 72 卢比/千克 ×130 千克 = 614	
	斑节对虾	2 000 尾 ×0. 7 卢比/尾 = 1 400	19. 30 卢比/千克 ×180 千克 = 3 474	
饲料		109. 69 千克 ×12 卢比/千克 = 1 316		
施肥		830		
石灰		1 100		
其他		400		
总支出		8 016	总收入	10 368
利润	2 316 卢比，折合为 23 160 卢比/公顷			
投入产出比	1∶1. 29			

注：100 印度卢比 = 2. 14 美元（2008 年 8 月至 2009 年 1 月）。

⑦鲻鱼与遮目鱼、斑节对虾混养

我国台湾省通常以鲻鱼与遮目鱼、斑节对虾混养。1971 年台湾省水产试验所东港分所，用人工育出的 1 000 尾鲻鱼苗，培育 45 天后，平均体长 2. 5 厘米，在 2 000 平方米的遮目鱼池中纯养，给予少量米糠作为饵料，养 72 天以后，成活率 92. 9%。然后移入 15 亩的鱼塘与遮目鱼和斑节对虾混养。盐度为 8 ~ 10，主要投给遮目鱼的饵料。养殖周期是从 2 月 25 日至 12 月 24 日收获，共 302 天，平均体长 30. 80 厘米，平均体重 470. 95 克/尾。

东港分所为了进一步试验鲻鱼与遮目鱼、斑节对虾混养的可能性，在1974年用水泥池20米×10米×1.5米一个，放鲻鱼苗100尾、遮目鱼苗200尾、斑节对虾200尾。养殖231天，其水温变化范围是18.3～32.9℃，盐度10.5～19.8，用人工配合颗粒饵料。鲻鱼开始时体重5.30克/尾，结束时平均体重228.51克/尾。遮目鱼开始时平均体重7.63克，结束时体重为89.67克/尾。

⑧鲻鱼与南美白对虾混养

南美白对虾具有生长快、营养要求低、环境适应性好、抗病力强、肉质鲜美等优点。海南大学2003年在海南利用一口面积为0.2亩、池深2米的低位池做南美白对虾与鲻鱼混养试验。南美白对虾苗来自附近虾苗场人工培育，鲻鱼苗为购自琼山沿海一带捕捞而来的夏苗。投喂饲料主要以配合饲料为主，并根据鱼虾不同生长阶段选用不同规格饲料，每天投喂2～3次饲料，且按池塘鱼虾重量的5%～10%投喂。养殖中后期适当换水和开机增氧。混养结果见表5－12，经济收益情况见表5－13。

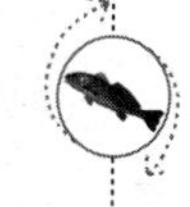

表5－12 鲻鱼与南美白对虾混养结果

品种	混养日期	放养量（万尾）	放养规格			收获				饲料系数
			平均体长（厘米）	平均体重（克）	尾数（万尾）	重量（千克）	平均全长（厘米）	平均体重（克）	成活率（%）	
鲻鱼	2004.4.20－9.17	0.9	3	1.412	0.6147	315	16.1	48.2	68.3	2.91
南美白对虾	2003.4.20－9.17	4.5	1.2	0.025	3.213	710	12.1	22.1	71.4	2.91

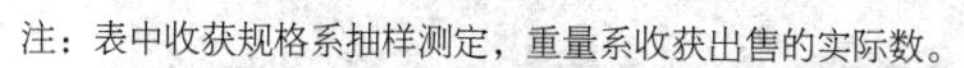
注：表中收获规格系抽样测定，重量系收获出售的实际数。

表5－13 南美白对虾与鲻鱼经济收益情况

面积（亩）	总产值（万元）	总成本（万元）	利润（万元）	投入产出比
0.33	2.019	1.01	1.009	1:2

试验结果表明，鲻鱼与南美白对虾混养，通过不同营养级养殖种类的合理搭配，可促使池塘养殖生态系统的良性循环。鲻鱼与南美白对虾混合养殖生产，不仅提高养殖产量，经济效益也明显

提高。鲻鱼与南美白对虾混养的优点是无敌害关系。鲻鱼是一种杂食性鱼类，在人工养殖条件下，除摄食配合饵料和池塘中浮游、底栖动植物外，还摄食池底有机碎屑，可起到清理池底的作用。

南海水产研究所2012年在面积为5亩/个的池塘中构建围网(800平方米/个）开展了南美白对虾和鲻鱼混养试验。鲻鱼放养于围网中（图5-9），密度依次为0尾（对照组）、250尾、500尾和800尾。对虾能自由出入网孔，而鲻鱼则不能，另外每个池塘围网外放养150尾埃及革胡子鲶。试验时间为期80~120天。结果显示，放养鲻鱼组的饵料系数均比对照组低，但组间差异不显著。放250尾鲻鱼组的对虾产值（20 200元/亩）及总产值（20 680元/亩）为各组最高，放800尾鲻鱼组的对虾产值（13 973元/亩）及总产值（15 533元/亩）最低。试验表明，在池塘围网混养少量鲻鱼时对虾产量最高，而混养较多鲻时饲料成本较为节约且水质指标较好。采取养殖前期多放鱼，后期适当分鱼以降低密度的措施，可能更有利于虾塘经济与生态效益的提高。

图5-9　对虾—鲻鱼围网分隔混养

（2）**淡水鱼塘混养方式**　在淡水鱼塘，我国常以鲻鱼与淡水家鱼混养，多数是鲻鱼与草鱼、鲤鱼、鲢鱼、鳙鱼、鲮鱼、罗非鱼等混养。滨海地区，尽管是淡水鱼塘，到冬季枯水期，鱼塘也有一定盐度，为防止有些淡水鱼适应性差，例如鲢鱼、鳙鱼，一般是不放养的。

我国的东海和南海沿海鲻鱼苗资源丰富，鲻鱼苗不但被移到淡水池塘进行养殖，20 世纪 70 年代曾将钱塘江口捕获的鲻鱼移到内陆水域的湖南，放养到河涌、山塘水库中，与淡水家鱼混养取得良好结果。

广东省饶平县淡水养鱼，一贯搭配适量的鲻鱼。目前不少鱼塘发展以养鲻鱼为主体，适量搭配家鱼，产量很高，亩产可超过 500 千克，其中鲻鱼亩产都超过 200 千克，高产可达 450 千克/亩。他们的做法：放苗前鱼塘经过清理去掉污泥，曝晒几天，然后放 10 厘米左右的水，选择温暖晴天，把经驯化后的鱼苗放入塘，10 多天后，鲻鱼苗体壮活泼，群集逆流，再把池水加深到 1 米左右，并放入其他鱼种。这种做法保证幼小的鲻鱼不受其他鱼种争食，使鲻鱼苗有充足饵料，有利其生长，从而提高鲻鱼苗的成活率。一般放苗的标准是，每亩放 3 厘米左右鲻鱼苗 3 000 尾，占总投苗量的 60%，体长 16 厘米左右的草鱼 200 ~ 250 尾，占 5%，鲢、鳙鱼 110 尾，占 2. 5%；3 厘米左右的鲮、鲤鱼 500 ~ 1 000 尾，占 30%。

他们在养殖中采用轮捕措施。尤其对鲻鱼更应该这样，鲻苗投放的数量多，幼鲻生长快，养殖的中后期必须进行捕大留小，稀疏密度，更有利后期的生长。

饶平县在河涌和水库均投放过鲻鱼苗，也获得好收成。如在一个河涌 800 亩，每亩放鱼苗 563 尾，其中鲻鱼苗 286 尾。收获时亩产 64 千克，其中鲻鱼亩产 27. 5 千克。在一个 300 亩水库中，每亩放鱼苗 533 尾，每亩放鲻鱼苗 333 尾。收获时亩产 51. 5 千克，其中鲻鱼亩产 18. 5 千克。

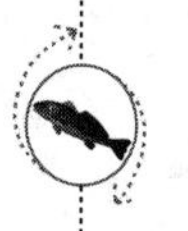

江苏东台县水产养殖场在一个淡水塘中，以家鱼为主体，搭配鲻、梭鱼养殖。他们当年 4 月混养体长 2. 5 厘米鲻鱼苗，每亩 106 尾。2 龄梭鱼体长 10 ~ 13 厘米，每亩 75 尾。饲养 5 个月，11 月 25 日干塘起捕，每亩总产 290 千克，其中鲻鱼亩产 27. 2 千克，梭鱼亩产 13. 6 千克，鲻、梭产量占总产的 14. 3%。鲻鱼最大的每尾 450 克，一般体重 300 克，成活率 95. 3%。以此表明鲻鱼生长快，当年的鲻鱼苗，当年可养成食用鱼。

上海郊区的养殖场也有淡水家鱼与鲻鱼混养的习惯。如南汇县

水产养殖场1976年全场推广，淡水鱼塘每亩混养鲻鱼苗300尾，成活率可达51.3%~76.7%，鲻鱼的产量平均每亩可达10千克，最高的鲻鱼亩产达87.5千克。大大提高淡水鱼塘的利用，增加了经济收入。

在国外鲻鱼与鲤科鱼类等混养也是很普遍的，在东南亚国家和地中海沿岸是一种常见的养殖方式。在以色列鲻鱼与鲤鱼、罗非鱼混养。放养量是：每公顷放养体重50~100克/尾的鲻鱼1 000尾，体重200克/尾的鲤鱼2 500尾，体重50克/尾的罗非鱼1 500尾，以及鲢鱼等鲤科鱼类。经过120~170天养殖，鲻鱼体重可长到500~800克/尾，可收获出售。

2005年，江苏省海安县在里下河南莫镇开展鲻鱼与河蟹、鲈鱼池塘混养技术试验，试验池塘面积5~10亩/口，清塘消毒后，让阳光曝晒池塘10余天，进水前施足基肥，投放500千克/亩左右的鲜活螺蛳，在池塘中移栽适量水草，池塘四周培植挺水植物。每个池塘安装1~2台功率为3千瓦的增氧机，配备1台90瓦的自动投饵机。采用塑料薄膜设置河蟹防逃墙。

鲻鱼苗种规格为体长8厘米以上，放养密度为250~300尾/亩，在1—3月放养；扣蟹规格为160~200只/千克，放养密度为600只/亩；6月下旬，放养经过淡化的鲈鱼苗种30尾/亩，规格为体长3~5厘米，草鱼规格为2~3尾/千克，放养密度为80尾/亩，鲢鱼规格为10~12尾/千克，放养密度为200尾/亩，鳙鱼规格为10~12尾/千克，放养密度为50尾/亩。

效益分析：从里下河南莫镇混养池塘中进行抽测检查，鲻鱼成活率为90%，放养1年尾重达500~750克，亩产量160千克以上，亩产值2 000~3000元；河蟹成活率70%左右，只重165克，亩产量69千克，亩产值6 200元；鲈鱼产量24千克，规格为600克/尾，亩产值450元；其他鱼产量290千克，总产值10 600~12 000元/亩，利润4 000~5 500元/亩。

（3）**抱卵乌鱼养殖**　在台湾，鲻鱼称为乌鱼。目前养殖户从事乌鱼养殖，主要分成两部分，一为饲养约一年的乌鱼，以供消费市场需求或提供进行抱卵乌鱼养殖所需的鱼源，第二部分则为养殖时间较长的抱卵乌鱼养成，后者虽有较高的经济价值，但是风险及成本也相对提高。

从事抱卵乌鱼养殖的养殖户无不希望可饲养出拥有硕大乌鱼子的乌鱼，而且池中的乌鱼又以雌乌占大多数；因此，在放养之前购入乌鱼时，对于雌雄的性别选择为重要的步骤，此一步骤亦为将来收成时收益多寡的关键。

一般若未经挑选乌鱼雌雄性别比例，在饲养至鱼龄二年时往往以雄性占大多数（约占60%～80%），但若有经挑选则情形可大为改变，雌鱼比例可提高至60%以上，甚至可达90%；因此，绝大多数养殖户认为养殖前雌鱼挑选是很重要的。

乌鱼在非繁殖季节较不易由鱼体外观分辨雌雄性别，目前挑选雌鱼的方式，以购买整池中第一网捕获的乌鱼可有较高的雌鱼比例，亦有整池鱼皆购入后再由业者找有经验的人士区分雌雄（一般雌鱼体型较大，头部较宽阔，雄鱼体型较小，头部较尖细，若以手掌轻握鱼头部时，可满握者为雌鱼较多，若只有七至八分满时则属雄鱼），经挑出被认为是雄鱼的乌鱼就直接出售卖至鱼市场或鱼贩。亦有养殖业者选购已养殖一年的乌鱼不分雌雄，于第一年的养殖期间后将体型较小者淘汰，只留下较大型的乌鱼继续饲养，依此方式在养殖第二年时（鱼龄三年时）雌性乌鱼的比例将会提高许多。一般而言，养殖乌鱼在鱼龄两年时收成雌雄比约为2:8或3:7，在鱼龄三年时将可提高至5:5或7:3，若有经过挑选时将可使雌雄性比提高至8:2甚至9:1。

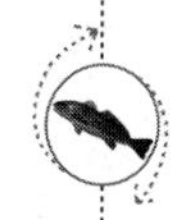

三、经济效益分析

根据调查有关养殖场的生产设备与投资的资料（表5－14），平均每户的设备投资为29.85万元（新台币，下同）：其中的进排水管费用9.46万元为最高，其所占之比率为31.69%；发电机亦为另一重要的投资设备，平均投资金额为6.78万元，所占比率为22.71%；而增加池水溶氧的扬水车的投资金额5.80万元，比率

19.43%，亦为重要投资设备项目。在按照规模区分之后，投饵机、扬水车及进排水管费的投资金额随着养殖场经营面积的增加，而提高设备的投资金额，亦即规模较大的养殖场其所需的供水系统、投饵设备与水质改善设备也相对地增加。而发电机是属于停电时应急备用设备，故其投资金额并不会随着养殖场面积增加而有大幅度的变化，有变化者只是因马力大小不同而有价钱上的差异。

表 5－14　鲻鱼养殖场设备与投资

类别	平均	
	金额（万元）	比例（%）
发电机	6.78	22.71
抽水机	2.97	9.95
投饵机	2.26	7.57
扬水车	5.8	19.43
马达	2.58	8.64
进排水管	9.46	31.69
合计	29.85	100

注：1 元新台币＝0.206 1 人民币元（2014 年 8 月 4 日）。

从产量生产力来分析养殖的劳动生产情形（表 5－15），由于养殖乌鱼在出售时可分成乌鱼壳（去除内壳的鱼体）、乌鱼子、乌鱼膘（精巢）及乌鱼肫（胃）四部分出售，因此，将之区分成四部分来统计其产量。可以看出，乌鱼壳及乌鱼肫随着养殖规模而增加，劳动生产力也大幅提升，但若养殖池中雌性乌鱼比率高时，产量会更大幅增加，而乌鱼膘（精巢）因养殖技术尚未突破，养殖乌鱼的雄性精巢大小尚无法与天然乌精巢相比，所以产量的变化较不规则。

表 5 - 15　鲻鱼养殖的劳动生产力　　　单位：台斤

类别	雌雄性比							
	平均	2:8	3:7	4:6	5:5	6:4	7:3	8:2
养殖池面积 0.5 公顷以下（每人工）								
乌鱼壳	4 500							
乌鱼子	800			800				
乌鱼膘	500			500				
乌鱼肫	200							
养殖池面积 0.5 ~1 公顷以下（每人工）								
乌鱼壳	16 890							
乌鱼子	893	800	487			1 500	1 600	
乌鱼膘	105		40			150	200	
乌鱼肫	255							
养殖池面积 1 ~3 公顷以下（每人工）								
乌鱼壳	23 063							
乌鱼子	1 119	170	993	1 433	1 450	1 100	1 825	1 200
乌鱼膘	146		280	204	200	130	80	
乌鱼肫	368							
养殖池面积 3 ~5 公顷以下（每人工）								
乌鱼壳	39 642							
乌鱼子	2 838		613	1 900		600		
乌鱼膘	521		162	600		800		
乌鱼肫	540							

注：台湾重量单位，1 台斤 =600 克。

根据调查可略知，乌鱼养殖每公顷的平均成本为 87.66 万元：其中饲料成本每公顷为 46.66 万元，占总成本的 53.23% 为最高；再其次为种鱼成本，每公顷为 24.23 万元，占总成本的 27.64%；折旧成本与其他成本在成本结构中所占的比例为最低（表 5 - 16）。而乌鱼养殖的平均总收入为每公顷 102.29 万元，支出成本 87.66

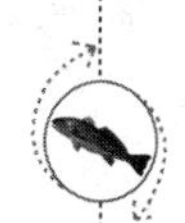

万元、利润所得14.63万元，由此三种数值后便可计算益本比、养殖场经营所得率与投入产出系数。在求出的数值可发现，乌鱼养殖的益本比、所得率与投入产出系数分别为16.69、14.30、1.17（表5－17），这些数值虽不是很高，但是也可算有不错的利润，而且抱卵乌鱼养殖的获利与其他养殖鱼类不同，除了受活存率与成长率等因素影响外，雌雄性比之差异更为影响养殖收益之一大因素。

表5－16　鲻鱼养殖经营成本分析

成本	平均（万元/公顷）	百分比
种鱼成本	24.23	27.64
饲料成本	46.66	53.23
人事成本	5.71	6.51
水电成本	7.73	8.82
折旧成本	1.77	2.02
其他成本	1.56	1.78
合计	87.66	100

表5－17　鲻鱼养殖经营成本与收益　单位：万元/公顷

支出成本	87.66
总收入	102.29
利润所得	14.63
益本比（%）	16.69
所得率（%）	14.3
投入产出系数	1.17

注：1. 利润所得＝总收入－成本
2. 益本比＝利润所得/成本
3. 所得率＝利润所得/总收入
4. 投入产出系数＝总收入/成本

第六章　病害防控技术

内容提要： 病毒性疾病及其防治；细菌性和真菌性疾病及其防治；寄生虫性疾病及其防治；有毒藻类过盛繁殖引起的疾病及其防治。

在目前养殖的众多海水和淡水鱼类中，鲻鱼的抗病能力较强，在粗放养殖中疾病较少，但是由于近几年养殖强度的增加和密度的增大，并采取提大留小经常捕捞的方法，鱼体不同程度上受到损伤，养殖鲻鱼经常出现疾病并导致死亡，它们包括病毒病、细菌病、真菌病、寄生原虫病、寄生蠕虫病及甲壳类引起的疾病等。

第一节　病毒性疾病及其防治

迄今为止，文献报道的鱼类细胞肿大病毒属（*Megalocytivirus* sp.）虹彩病毒已有20余种，该属虹彩病毒感染的硬骨鱼类包括鲈形目、鲽形目、鳕形目和鲀形目4目近百种海水、淡水鱼类。近年来在世界各地区，由该类病毒引起的鱼类疾病已呈明显上升趋势，在鲻鱼患病鱼体内也发现细胞肿大病毒属虹彩病毒。病鱼的外观临床症状：体表无明显损伤，嗜睡，游泳异常；贫血症状明显，血液稀薄、色淡，凝固性差，鳃外观呈暗灰色；肾脏失血，呈灰白色等。患病鱼的死亡率从30%（成鱼阶段）到100%（幼苗阶段）不等。

疫苗是防控鱼类病毒病的重要手段，在细胞肿大虹彩病毒的灭

活疫苗、核酸疫苗以及基因工程疫苗等方面已有较多的研究报道。Nakajima 等（2006）报道了利用甲醛灭活的 RSIV 疫苗对 5 种海水鱼类进行免疫接种，对照组死亡率为 73% ~100%，免疫组的成活率为 55% ~100%。目前在日本，应用于 RSIV 的灭活疫苗已经商业化。

上皮囊肿病：江草周三（1988）报道地中海地区的鲻鱼（小于 3 厘米）感染上皮囊肿病，此病是以水为媒介直接感染。病鱼的皮肤和鳃上有许多白色粟粒状的包囊，由于包囊压迫，引起血行障碍。病鱼呼吸困难，生长缓慢，以致死亡（图 6 -1）。防治方法：氯霉素按 0.1% 的比例拌入饵料中，连续投喂 5 天，可以治愈。

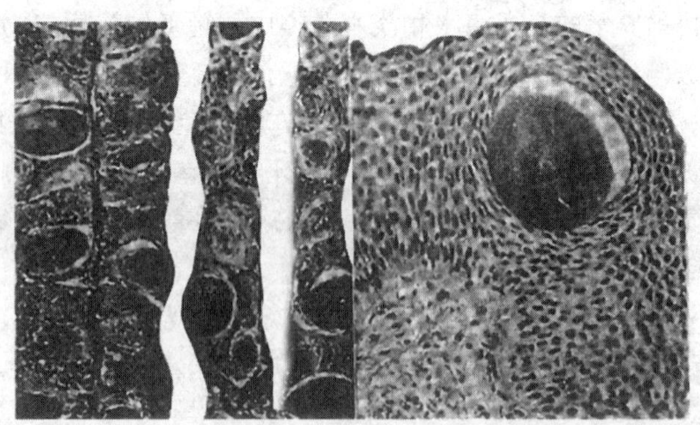

图 6 -1　上皮囊肿病鱼的组织损伤

（自 Roberts，1978）

第二节　细菌性和真菌性疾病及其防治

一、细菌性疾病

1. 鳗弧菌（*Vibrio anguillarum*）

Lewis（1970）发现一种专门感染鲻鱼的细菌。他在加尔维斯顿、得克萨斯州附近每个季节从鲻鱼体上取细菌样品，发现鳗弧菌在早春对鲻鱼的感染率比较高，出现季节性发病，并表现出典型的弧菌感染症状，鳍的基部、腹部及口腔周围具紫斑淤血，也能从病鱼的肝脏分离出来这种细菌。但在仲夏和早秋没有发现鲻鱼体上常有这种菌体。预防措施：①种苗捕捞、运输、选择等操作要细心，不使鱼体受伤；②及时驱除鱼体表的寄生虫，用淡水或浓盐水处理寄生虫时，应加入抗菌素防止细菌感染。治疗方法：用土霉素、四环素等抗菌素，每天每千克鱼用50~70毫克，或磺胺类药物，每天每千克鱼用200毫克混在饲料中，连续投喂3~7天。

2. 链球菌属（*Streptococcus* sp.）

Plumb等（1972）从美国的佛罗里达到阿拉斯加，发现鲻鱼和其他几种鱼类暴发急性和慢性疾病。他从鲻鱼及其他濒死的鱼类中分离出链球菌的一种细菌。濒死的病鱼，显示出狂游症状，鱼体皮肤出血，腹腔内及肠充血。预防措施：①投饵量要适宜，勿使鱼过度饱食；②放养密度不要太大。治疗方法：用红霉素、螺旋霉素等抗菌素，每天每千克鱼用20~50毫克，混在饲料中，连续投喂4~10天。

3. 杀鱼巴斯德氏菌（*Pasteurella piscida*）

由感染引起。被感染鱼鳃丝黏液增加，腹腔内存在化脓性物质，从被感染濒临死亡的鲻鱼血液可见到大量的细菌，细菌具两极鞭毛，粗大，多态杆状，两端钝圆。该病主要流行于夏季。对于鲻鱼巴斯德细菌病，目前未见有效的治疗方法，主要预防方法是加强日常管理，改善池塘环境。

4. 迟钝爱德华氏菌（*Edwardsiella tarda*）

鲻鱼患病时，腹部及两侧发生大面积脓疡，脓疡的边缘出血，病灶因组织腐烂，放出强烈的恶臭味，腹腔内充满气体使腹部膨胀（图6-2）。防治措施主要是彻底清塘及其他一般的防病措施。

5. 无色杆菌属（*Achromobacter*）

从长鳍骨鲻（*Mugil cunnesius*）的烂鳍中分离出海水无色杆菌

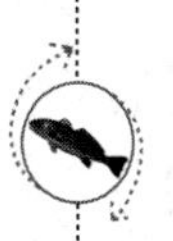

(*Achromobacter aquamarinus*) 和表面无色杆菌 (*A. superficialis*) 两种细菌。这两种细菌感染到鲻鱼也可导致发病。

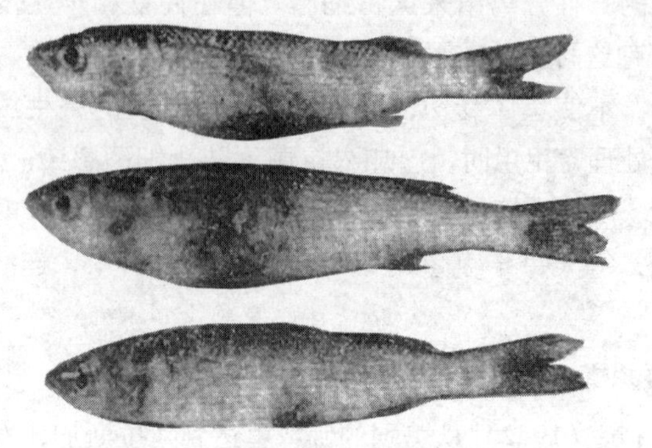

图 6-2 患爱德华氏菌病的鲻鱼

(仿江草周三, 1983)

二、真菌性疾病的防治

常见的是水霉菌 (*Sparolegnia* sp.) 病或白毛病。由水霉菌感染所致，从鱼苗、鱼种到成鱼都有感染的可能。水霉菌一般由内外不同形式的丝状菌丝组成，内菌丝分枝纤细繁多，蔓延深入肌肉，吸取鱼体坏死细胞的养料。外菌丝分枝较少而粗壮，露出体外，形成肉眼能见的灰白色棉絮状物，病鱼呈狂躁不安的状态，皮肤分泌黏液增多，鳞片出血，运动失调，食欲减退，有时可见到肌肉溃烂的患体，久之则消瘦死亡。水霉菌病可延及全年，晚春、初夏是流行季节。感染途经主要是运输及捕捞过程中鱼体受到机械损伤，擦落鳞片或撞伤鳍条，以致霉菌侵入伤口而繁生。但在环境恶化，营养不足，抵抗力太弱时，也会发生此病。

防治方法：改善养殖水体水质状况，结合喷洒硫酸铜，有效浓度为 1~3 毫克/升；也可用 0.1% 的高锰酸钾溶液药浴 5~10 分钟，大鱼可直接用 1% 的碘酒涂敷患处。

第三节　寄生虫性疾病及其防治

一、原生动物

鞭毛虫类：隶属肉鞭动物亚门鞭毛虫纲。在鲻科鱼类发现有几种。在美国的密西西比有发现寄生的腰鞭毛虫（*Arrsyloodinium ocellatum*）与其相近的种类危害鲻鱼，而且很容易使饲养在池塘中的大部分鱼死亡。这些种类繁殖力很强，它们附着在鲻鱼的鳃丝或皮肤上，达到一定大小之后，由于挤压或其他原因，便从宿主身上脱落，缩回其假根足和胃足管并包囊在一纤维包被中，经多次分裂，最后形成带鞭毛的128～2 048个游走孢子，进而侵害其他宿主。游走孢子或者双孢子，很容易大批感染某些鱼类。受到腰鞭毛虫严重感染的鱼类，很少能被药物治疗，但用淡水冲洗可使寄生虫脱落。

隐鞭虫（*Cryptobia* sp.）：可侵害鲻鱼和圆吻凡鲻（*Valamugil seheli*）的鳃。我国淡水鱼养殖主要病原为鳃隐鞭虫（*Cryptobia branchialis*）。病鱼鱼体发黑，消瘦，反应迟钝。虫体寄生于鱼鳃部时，鳃丝红肿，黏液增多，鳃上皮细胞被破坏，往往并发细菌性鱼病而大量死亡；虫体寄生于鱼体表时，鱼体表黏液增多，鱼体不安，生长速度缓慢，逐渐消瘦而死。防治方法：①鱼种放养前，用8毫克/升的硫酸铜溶液浸洗15～20分钟。②发病季节每半个月用硫酸铜硫酸亚铁合剂（5∶2）挂袋1次。③全池泼洒硫酸铜硫酸亚铁合剂（5∶2），每立方米水体用0.7克。④病鱼用2%食盐水或0.05%福尔马林浸泡15分钟以上。⑤每立方米水加入来苏儿200毫升，浸浴病鱼30秒。防治适期：6—9月。

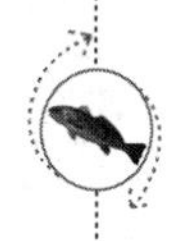

血簇虫：多出现在多种淡水鱼类和海水鱼类的血细胞内。已报道有80种以上。在鲻鱼类发现有鲻形血簇虫（*Haemogregarina mugili*）专门寄生在鲻类上。大血簇虫（*H. bigemina*）的寄生专一性较小，于白血球内形成裂殖子。池塘血簇虫属种类的生活史目前

还不十分清楚，但有人认为其传播是通过水蛭进行的。一般被血簇虫侵入的鱼红细胞肥大，变形，胞核也变形和移位，最后红细胞崩解（图6－3）。

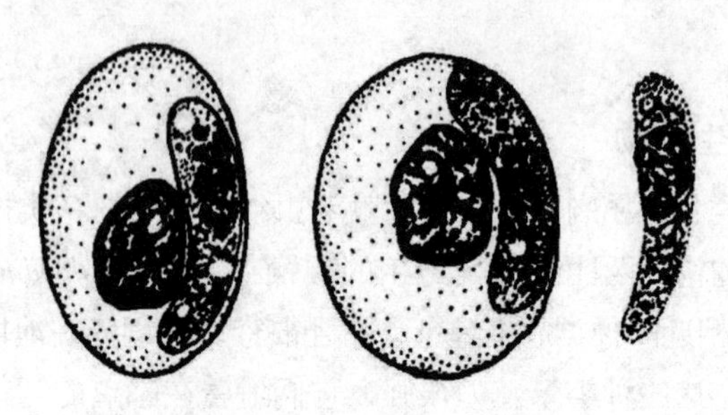

图6－3　寄生在鲻鱼红血细胞中的血簇虫

（仿 **Reichhenbach-Klinke**）

六鞭虫（*Hexamita* sp.）：此属种类前端具3对鞭毛，后端具1对鞭毛。因此，与大多数其他鞭毛虫有着明显的区别。六鞭虫出现于伊拉特湾次绿鲻鱼（*Mugil subviridus*）幼鱼体壁的上皮组织。对池养鲻鱼也是严重的敌害。该属的种类在我国池塘家鱼养殖是常见的，尤其在草鱼最常见，但未有防治的好办法。

车轮虫（*Trichodina*）：车轮虫属是世界性鱼病中常见的种类（图6－4）。在鲻鱼发现的车轮虫（*Trichodina domerguei f. partidisci*）感染尖鼻鲻（*Mugil saliens*）。另一种车轮虫（*Trichodina lepsii*）感染金鲻（*Mugil auratus*）。还有一种车轮虫（*Trichodina puytoraci*）感染尖鼻鲻、金鲻及鲻鱼的鳃上。在亚得里亚海有一种车轮虫（*T. jadranica*）附在鲻鱼鳃上。在南非鲻形车轮虫（*T. mugillis*）出现于大头鲻（*Mugil capito*）鳃上。

在我国淡水池塘养鱼中，车轮虫是常见的一种疾病，防治方法是用石灰彻底清塘。用0.7毫克/升硫酸铜或硫酸铜和硫酸亚铁合剂（二者比例为5:2）全池泼洒，可有效地杀灭体表和鳃上的车轮虫。

多子小瓜虫（*Ichthyophthirius multifiliis*）：是最幼小的虫体，一般呈长卵形，前尖后钝，在最前端有一个乳头状突起叫“钻孔

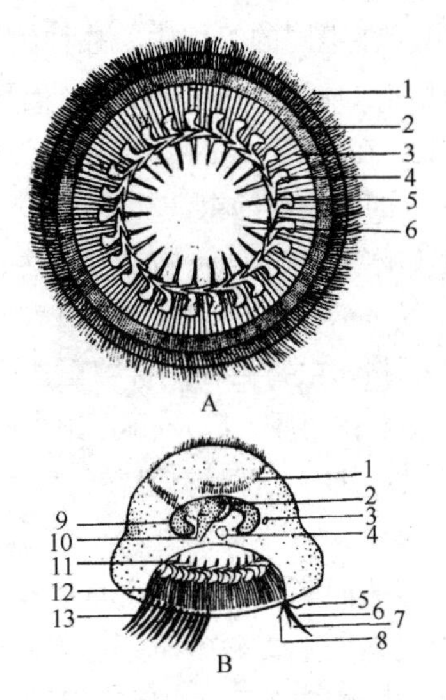

图 6－4　车轮虫

A. 反口面观中：1. 纤毛；2. 缘膜；3. 辐线环；4. 齿钩；5. 齿体；6. 齿棘；
B. 侧面观（模式图）：1. 口沟；2. 胞口；3. 小核；4. 伸缩泡；
5. 上缘纤毛；6. 后纤毛带；7. 下缘纤毛；8. 缘膜；9. 大核；
10. 胞咽；11. 齿环；12. 辐线；13. 后纤毛带。
（A. 自孟庆显，1994；B. 仿湖北省水生生物研究所，1979）

器”。成虫期身体呈球形或近似球形。尾毛消失，全身长着均匀的纤毛。耳形的胞口变为近圆形，位于身体前端。大核香肠状，呈马蹄形。小核此时已同大核紧贴在一起，一般不易看到。

它是对养殖鱼类危害最大的寄生虫，它可感染淡水池塘的鱼类，包括鲻鱼。此病在我国淡水养鱼中也是危害较大的鱼病之一。预防方法是鱼种入池前经过检查，如发现有小瓜虫，可用 2 毫克/升硝酸亚汞洗浴 1.5～3 小时。用 0.1～0.2 毫克/升硝酸亚汞全池遍洒，可有效地杀灭小瓜虫。

黏孢子虫病（*Myxosporea*），在鲻鱼中常见有两极虫属（*Butschli*）及黏角虫属（*Ceratomyxa*）的种类出现在鲻鱼的胆囊中，偶尔也在膀胱或输尿管中出现，称之为体腔型，其感染很少对宿主有害。

碘泡虫属（*Myxobolus*）、黏体虫属（*Myaxosoma*）及库道虫属

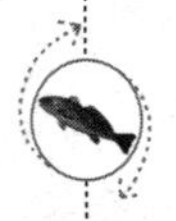

（*Kudoa*）的种类出现在不同的组织中，故称组织型。在日本海及黑龙江，阿赫氏碘泡虫属（*M. achmerovi*）出现在鲻鱼及梭鱼的鳃、鳍及肠系膜上。在我国，鲻鱼和梭鱼的鳃部有细小碘泡虫（*M. parvus*）寄生，而陈氏碘泡虫（*M. Cheni*）则出现在肌肉系统内。在原苏联，鳃黏体虫（*M. bronchialis*）寄生在鲻鱼的鳃部。而在印度，黏体虫（*M. intestinalis*）则寄生在黄鲻（*Mugil waigensis*）的肠上皮组织中。鲻黏体虫寄生在南佛罗里达鲻鱼的脑膜、鳃弓、鳃丝、口腔、领骨、食道、肠、肝及肠系膜中。

所有的黏孢子虫对其宿主都具有潜在的危害。相比之下，组织型通常对宿主的危害较大。一种体外寄生的小黏体虫，导致黑海北部刻尔赤及盾安海映的鲻鱼和金鲻大量死亡。据报道鱼的鳃丝上可产生胞囊，当成熟的胞囊破裂时，邻近的组织出血。受感染而濒于死亡的鱼类，因鳃盖下不停地滴血而易于辨认。如果胞囊出现在鱼体的其他部位，则对鱼类没有危害。鱼死亡似乎是由于窒息和失血所致。

Shulman（1957）报道过在克里米亚沿岸、黑海北面发生过一次鲻鱼严重死亡，鉴定为短小碘泡虫（*Myxobelus exiguus*）。受感染鱼的鳃丝或稠密地布满黏孢子囊，或因成熟包囊破裂转为出血病灶。在内部器官中也发现含碘泡虫孢子的包囊。此次鲻鱼死亡范围很广，每千米海岸线被风浪打上岸的鱼就有500～600千克。

据说在佛罗里达的一次鱼瘟中取到的鲻颅和脑中也受到碘泡虫的感染。以色列沿岸河流的鲻鱼和大头鲻经常看到在鳃上、内脏以及头部肌肉内感染含碘泡虫（Paperna，1975），经鉴定是细小碘泡虫（*Myxobolus pazrvus*）。在鲻鱼类中出现的碘泡虫属约有6种。

对孢子虫病预防方法比较有效的是用石灰彻底清塘，能控制其大量繁殖。

库道虫属（*Kudoa*）：库道虫在海水鱼类中已发现有31种，主要寄生在鱼类的肌肉中，鲻库道虫（*K. bora*）发现在我国台湾省南部养殖的鲻鱼、日本鲻（*Mugil japonicus*）和棱鲻（*M. carinatus*）体侧的肌肉中（图6－5）。一般不至于致死鱼类，但在肌肉中有许多肉眼可见的包囊，使食品价值降低，甚至不能食用。

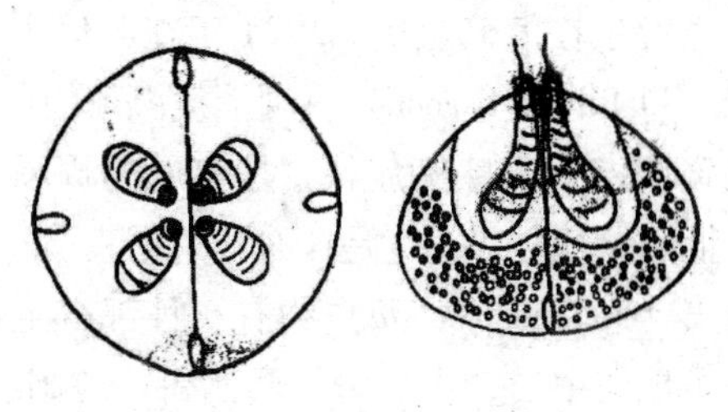

图6－5　鲻库道虫的孢子

（仿藤田经信）

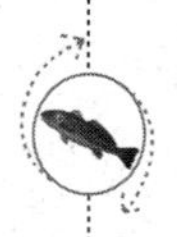

二、单殖吸虫病

潘炯华（1990）描述了寄生于鲻科鱼类的鲻鱼虫（*Ligophorus*）。张剑英（1981）报道了我国寄生在鲻、梭鱼鳃上的两种鲻鱼虫，即鸟嘴鲻鱼虫（*L. vanbenedenii*）和兔耳鲻鱼虫（*L. leporinus*）。这是鲻鱼和梭鱼上常见的寄生虫，在野生的幼鱼和从天然水域捕捞来作为人工繁育用的亲鱼上都可发现，并且有时数量较多。目前其危害性尚不很清楚。

Paperna（1975）报道，在红海北部各湾，鲻科在几个地方的代表属，即鲻属和縫唇鲻属（*Crenimugil*）中发现到单殖吸虫纲的本尼登属（*Benedenia*）。虫体长达5毫米，宽超过1.5毫米，通常附着于口黏膜上。从1尾长144毫米的鱼体上发现多达12条虫，而从单纯受感染的鱼体上采到的，不少于6条是很通常的，在幼鱼和成鱼中都是这样。但是，长度小于60毫米的鲻类鱼体上没有发现本尼登属这类寄生虫。受感染部位有唇和口的黏膜发炎，出现广泛的黏膜下层出血，特别是在口的顶部，腭唇之间。捕来的受感染鱼，蓄养在0.7立方米和1立方米开放式海水饲养池中，在放养后的两星期开始出现死亡。在实验室中受感染鱼的情况是，最初发现受感染后的鱼，6周到2个月开始出现死亡。严重受感染的鱼，不仅发现在口内附有虫体，而且扩及全身。特别是集中在下颌间沟和腹鳍乃至背鳍的基部，在这些部位观察到明显的发炎区，

在水池中受感染而死的鱼，沿下颌间沟和下颌与舌基之间全穿了孔，各片骨骼之间的组织均已被虫吃掉。受本尼登属寄生虫感染而死亡的情况也发生在海湾鱼中，1974 年在苏伊士东岸的埃耳比莱姆咸水湖中（El Bilaim Lagoon）发现消瘦濒死的鱼。这些鱼呈现出典型的本尼登属寄生虫感染症状，是在唇的周围和口中大部分发炎。这次大批鲻鱼死亡，究竟是什么环境因素引起，仍不清楚。

后微杯虫属（*Metamicrocotyla*）约有 8 种都寄生在鲻科鱼类的鳃上，该属分布地区很广，在法国、墨西哥、美国、巴西、印度、夏威夷和我国山东等地均有发现，其危害情况尚不清楚，但是它们几乎全部都是以食鱼血为营养的，并且其宿主都是重要养殖对象之一的鲻科鱼类。

微杯虫属（*Microcotyle*）这一属有将近 70 种，其中鲻微杯虫（*M. mugilis*）寄生在我国和日本的鲻鱼，日本、地中海和黑海的尖鼻鲻，黑海的金鲻；拟鲻微杯虫（*M. psedomugilis*）寄生在美国南部的鲻鱼。

凡氏锚沟吸虫（*Ancylopcephalus vanbenedenii*）为鲻鱼的常见体外寄生虫，曾在地中海、黑海一种鲻类鳃上发现，我国渤海湾鲻鱼的鳃上也发现该虫，但见于春、夏，9 月则消失，未有发现。

三、复殖吸虫病

异形吸虫后囊蚴的感染：本病流行地区广，地中海沿岸国家、美国大西洋海岸、墨哥湾和印度、菲律宾、日本及我国等均有分布。尤其地中海东部水域，商品鲻类成了异形吸虫的主要宿主。例如埃及等的一些潟湖中有些鲻鱼的感染率高达 100%。

在以色列沿岸河流捕到全长小于 50 毫米的鲻类幼鱼中，没有看到受感染，在 50 ~ 90 毫米长的鱼中，感染流行率仅为 6%。只有在 150 毫米和超过 150 毫米长的鲻类中受感染较为普遍，蔓延率达 65%。但是，在巴尔塔维耳咸水湖中传播得很普遍，在 25 ~ 35 毫米长的幼鲻中，也曾发现过异形吸虫类的后囊蚴，大于 70 毫米长的鱼，感染率达 100%。巴尔塔维耳咸水湖鲻类中异形吸虫类感染的定量研究中，计算得每克大头鲻肌肉组织多达6 000个后囊蚴。对一尾255毫米长的鱼作计算时，在一尾受感染的鱼中，后囊蚴的总数达到58.2万个。

当吃鱼鸟类或猫、狗吞食了带有囊蚴的病鱼时即受感染。人吃了这种生鱼片或未煮熟的鱼，也会被感染。异形吸虫类在尼罗河三角洲是一种地方性病，特别对渔业村影响很大，在那里的感染率，成年人高达22%，小孩高达90%。

单脏吸虫（*Haplosplanchunus*）：本属吸虫分布于孟加拉湾、阿拉伯海、美国佛罗里达州沿岸及我国东南沿海。多寄生于鲻科鱼类的肠内。

四、鲻类绦虫病

Oren（1981）记载了8属9种的绦虫及其幼虫寄生在鲻的体腔或肠内。四叶目（*Tetraphyllidea*）的裂头蚴可寄生在许多海水鱼的肠内，尤其鲻科鱼类是它们的重要中间宿主。李敏敏（1984）报道过混沟绦虫（*Poecilancistrum* sp.）的胚囊蚴（blastocyst）寄生在渤海沿岸鲻鱼的肠系膜上，可形成白色囊泡。

五、线虫病

鲻科鱼类的肠系膜和肌肉等组织有时会感染粗壮对盲囊线虫（*Comtracaecum robustrum*）。线虫对海水养殖鱼类一般危害性不大，但线虫的侵袭可破坏组织器官，有时还会引起病菌感染，使鱼患病。

六、棘头虫病

棘头虫（Acenthocephala）约有500种，全部营寄生生活，成体寄生于鱼类等脊椎动物的消化道内，李敏敏（1984）报道了在鲻鱼肠道中发现的轻捷新棘吻棘虫（*Neoechinorhynus agilis*），该虫为鲻鱼及其他海水鱼类的常见肠道寄生虫，世界各地均有分布，山东蓬莱地区鲻鱼的感染率高可达68%。

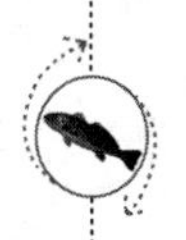

七、寄生桡足类引起的疾病

鱼类的寄生桡足类已知有1 500种以上，主要分布在剑水蚤目（Cyclopoida）、鱼虱目（Caligoida）和颚虱目（Lenaeopodoida）三个目。

鱼虱病：常见的有东方鱼虱（*Caligus orientalis*）（图6－6），为海水和半咸水中常见的一种。

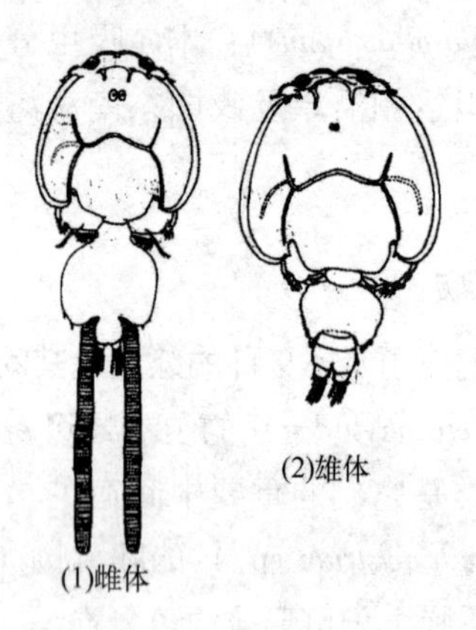

图6－6　东方鱼虱

（自 **Gussev，1951**）

体外寄生的节肢动物。日本海、我国黄海、渤海、东海及南海均有发现，对于鲻鱼等养殖种类的危害较为严重。其附着幼体前端较尖，顶端向前伸出管状的额丝，借以牢固地吸附在鱼体上。成体前端呈盾状，管状额丝消失。可寄生在鱼体上，也能在水中做短期的自由游泳生活，以寻找新的宿主。病鱼体色发黑或灰白，动作呆滞，或时而狂游，食量降低，重者消瘦死亡。治疗方法：可慢慢向池内换进淡水，或以0.3～0.4毫克/升敌百虫（90%晶体）全池泼洒，效果较为明显。

鲺病：病原为鲺（*Argulus*），全世界已记载有100多种，绝大多数寄生于淡水鱼类，仅少数寄生于海水鱼类。鲺广泛地寄生于各种鱼类，鲻类已记载有5种，鲻鲺（*A. mugilis*）是鲻鱼最常见的一种（图6－7）。从稚鱼到成鱼都可被寄生，鱼越小受害越严重。流行季节一般在5—10月。鲺用吸盘附着在鱼体上将毒液注入鱼体，吸取鱼体营养。被寄生的鱼皮肤受到破坏，黏液增多，并发生溃疡或继发性感染细菌病，严重时引起大批死亡。预防方法同鱼虱病。鲻鱼的鲺病可用淡水浸洗15～30分钟。

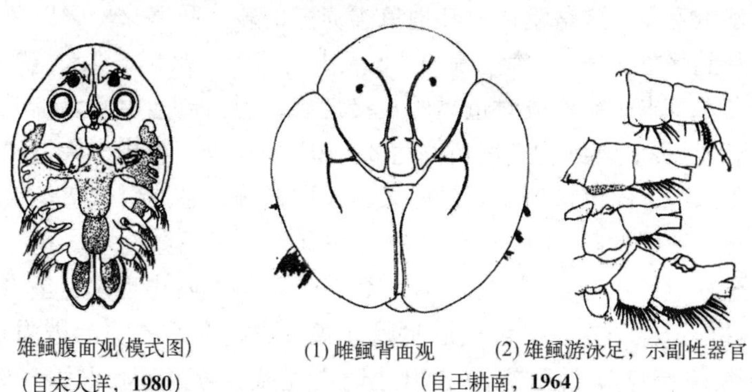

雄鲺腹面观(模式图)（自宋大祥，1980）

(1) 雌鲺背面观　(2) 雄鲺游泳足，示副性器官（自王耕南，1964）

图6－7　雄鲺腹面观（左）和鲻鲺（右）

寄生等足类病：等足目的颚虫科（Gnathiidae）是海水鱼常见的寄生虫，已记载5种寄生在海水鱼体表，皆为幼虫阶段暂时性寄生，成虫阶段营浮游或底栖生活。鲻类的寄生等足类有 *Aegethoa oculata*（图6－8）和蚁拟颚虫 *Paragnathia formica* 等8属11种。防治方法：将养殖池的海水换成淡水，或用淡水浸洗。

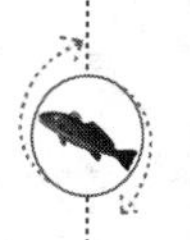

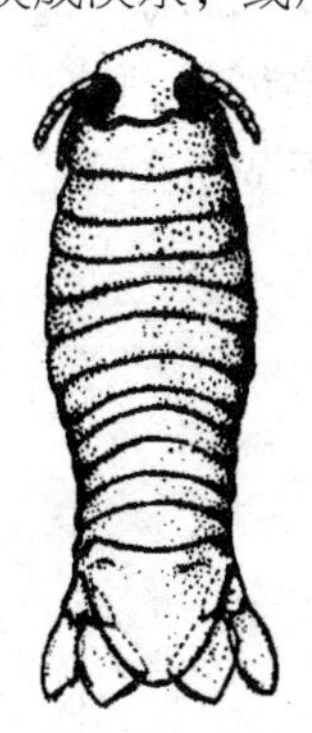

图6－8　鲻类的寄生等足类 *Aegethoa oculata*
（自日本动物图鉴）

第四节　有毒藻类过盛繁殖引起的疾病及其防治

毒鞭毛藻（*Prymnesium parvum*）或称小三鞭金藻，是典型的咸淡水鞭毛藻，这是鲻鱼或其他鱼类养殖的较大敌害之一，以色列曾受到严重损失。它繁殖后3~5天内可能出现水华，"水花"鞭毛藻本身未必能构成对鱼类的直接危害，而当鱼池中暴发鞭毛藻"水花"时，其细胞密度可高达8×10^5个/毫升，将排出大量毒素溶于水中，侵害鱼体，此时如果不采取措施，必然引起鱼类大量死亡。我国大连、河北、天津等地均有因小三毛金藻"水花"引起全池鱼死亡的实例。必须注意毒鞭毛藻的间隔出现率，至少每周抽样镜检一次。以色列尼尔戴维德鱼病研究所的防治措施是：施用10毫克/升硫酸铵，在20小时内能减少毒鞭毛藻群体50%，特别是在中午pH值最高时施用效果更显著。在冬季则施用2~3毫克/升硫酸铜。也可施用10~15毫克/升液态氨，这需要专门装置把液态氨扩散到鱼池里。

池塘内某些蓝、绿藻也能引起水华，例如微囊藻（*Microcystis*）、鱼腥藻（*Anabaena*）、颤藻（*Oscillatoria*）和螺旋藻（*Spirulina*），特别大量施肥会助长水华的发生。微囊藻（*Microcystis aeruginosa*）会分泌一种烈性毒素。颤藻（*Oscillatoria*）能感染鱼体，尤其是沙底池塘泥味很浓，致使这些鱼类无销路。池塘里可施硫酸铜防治，但浓度不得超过1.5毫克/升。在干涸池底喷洒硫酸铜100克/米^2，能控制这种藻类过渡生长感染鱼类。

第七章　捕捞、运输、上市

内容提要：鱼苗捕捞、驯养和运输；亲鱼的活体运输；商品鱼的收获。

第一节　鱼苗捕捞、驯养和运输

虽然鲻鱼人工繁殖已经获得成功，但由于尚未能大批量生产以满足需要，目前养殖生产用的鲻鱼苗很大一部分还是要靠沿海捕捞。我国沿海鲻鱼苗资源相当丰富，尤其是南海和东海沿岸鲻鱼苗数量特别多。群众对采捕天然鲻鱼苗积累了不少经验。

一、鲻鱼苗的捕捞季节

鲻鱼生长在浅海，每年有大批亲鱼到沿海各地产卵。鱼苗一般在体长达到 10 ~ 15 毫米时，大批洄游到咸淡水的河口、潮沟等浅水地区索饵，此时适于采捕。根据各地经验，由于各地地理环境和气候条件不同，因此鲻鱼开始繁殖的时间有差别，故鲻鱼苗汛期出现时间有迟早之分。一般说来，南方比北方早。广东、福建在 12 月至翌年 4 月；广东鲻鱼苗出现以 1—3 月为旺季。福建沿海在 2 月上旬至 4 月为捕捞鲻鱼苗的时间。浙江杭州湾一带在 3—5 月为捕捞盛期；如果天气温暖，在 2 月中旬就有鲻鱼苗出现，一直持续到 5 月，其中从 3—5 月为捕捞鲻鱼苗的最盛时期，那时鱼体小，成色纯净。江苏东台一带在 4—7 月。

鲻苗出现时间，广东沿海群众根据天气与生物预兆来确定汛期的到来。汕头沿海群众的经验认为，在鲻鱼苗到来之前，内湾水面会出现局部的黄褐色水膜，这是由于硅藻等生物死亡后所形成的水膜，鲻苗为吞食这些水膜顺风逐流而来。发现这种水膜是鲻鱼苗即将到来的先兆。同时渔民能预测鲻苗丰欠年，如果“立冬”前后有寒流，“冬至”前后刮较强的东风，“大寒”前后有降雨，就是鲻鱼苗丰年的预兆。若遇鳗苗前期（鳗苗的捕捞季节比鲻苗早 30 ~ 45 天）产量多，就是鲻苗丰产到来的预报。

二、鲻鱼苗习性和渔场

根据群众的经验，鲻鱼苗主要集中在下列地区：

（1）沿海内湾江河口的咸淡水交汇处，以及沿海闸口区域。在咸淡水交汇处苗多，因为鲻苗有溯河逆游的习性，在盐度较低的浅海或河口浅水地带，大量聚集。由于内河水流入，带入丰富的饵料。幼鱼喜光，喜于沙泥土质，有机物质和食料丰富的地区觅食，其食料以浮游生物为主，退潮时集群，而涨潮时则分散在水表层 30 ~ 60 厘米深处。

（2）退潮后能保持一定水量的海港溪流及海湾内凹洼地带和水潭处，这时鱼苗容易被留下来。

（3）海港内掩蔽物比较多的地方，如沟或岸边有红树林生长的浅水港汊或水沟，鲻苗居集较多。

（4）在“油泥”多的近岸滩涂或潮沫多的水边界处，底质为含藻类较多的沙质土，涨潮时，鲻鱼苗游来摄食，容易捕获。

渔场和鱼苗的数量，还受当地的水文、气候等环境因子变化的影响。天气晴朗、气温高、无风，鱼群喜欢集中在港汊。一般在大潮、风平浪静、温暖的晴天，水温 15 ~ 20℃时，鱼苗集群数量多，小潮、阴雨天鱼苗少。在涨潮后，刚退潮时，产量较高，鱼苗质量也好。每当雨天降水或河川上游大量淡水排放，盐度下降时，鱼苗溯流水，数量显著增加。反之，天气久旱，河口水的盐度上升，鲻苗则减少。如捕苗要掌握鱼苗的行动规律、习性和渔场的变化，必须经常变换捕苗地点，提高捕苗量。

三、鲻鱼苗的捕捞工具及方法

沿海群众捕捞鲻鱼苗的渔具和渔法，因各地条件和生产经验不同而多种多样，归纳起来有以下两大类型：

1. 移动渔具及渔法

为主动积极地赶捕鱼群的渔法，并利用声响使鱼苗集中而捕获。

拖网：由二网袖和中央的囊网组成。网片呈长方形，长40米，高3.3米，网目0.7厘米，用苎索编成，拉绳上系有贝壳、羽毛等物，以惊吓鱼苗。发现鱼群时，用网包围，两人向岸边拖曳，鱼苗进入囊网中，然后解开囊尾，使鱼苗放入盛有半咸淡水的鱼桶中。此法捕到的鱼苗，受伤较多，一般成活率为70%～80%，福建、江苏等地采用。

广东汕头沿海采用小拖网捕鲻鱼苗，克服受伤多的弱点，捕苗效果好。其网身用粗麻布或尼龙网布编成，网长8.5米，上腹网2米，下腹网5米，两边袖网伸长各3.5米，袖网高由2米缩至末端0.42米，上纲缚浮子，下纲缚沉子（图7－1）。

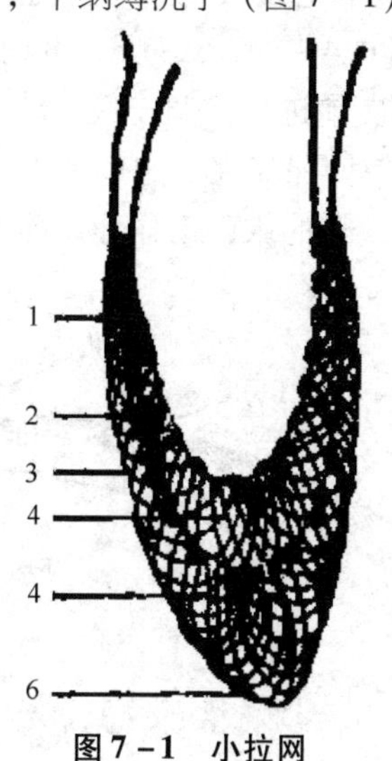

图7－1　小拉网

1. 沉子；**2.** 浮子；**3.** 袖网；**4.** 下腹网；**5.** 上腹网；**6.** 网袋

围网：适于内湾平滩，在水深 2 米以下处作业，网呈长方形。规格不一，一般网长 10 米，高 1.5 米，用棉线或尼龙线织成。上埂拴浮子，下埂拴沉子。两端一麻绳主缆。发现鱼苗后，顺风围捕，操作必须手勤眼快，动作协调，由深水向浅水围拉，捞苗时，网不离水，以免鱼苗逃窜，这样捕苗量大。

广东汕头沿海用小围网捕苗效果好，如图 7－2 所示。用苧麻线织成，网目 0.3～0.5 厘米，网长 10～20 米，高 3～4 米。

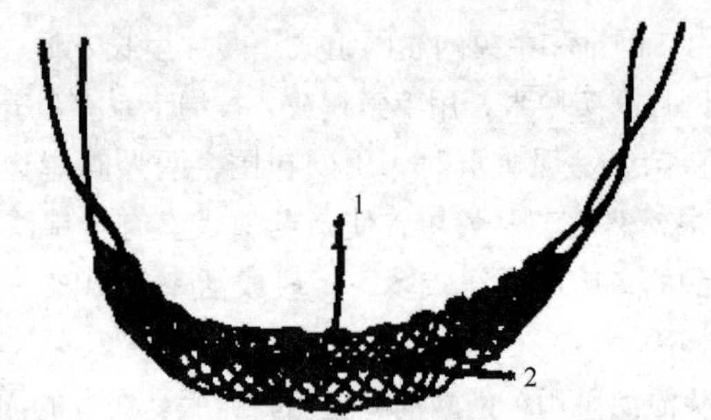

图 7－2　小围网

1. 沉子；**2.** 浮子

埭子网：用棉线或绵纶线织成。网呈长条形，网长 8～10 米，高 50～80 厘米，网目 0.4～1 厘米。上、下纲用竹竿支撑（图 7－3）。使用时，两人拖曳前进，步调一致，动作敏捷，上下网纲要拉得适当。赶捕时，使网保持在一定的深度，过高过低均会使鱼苗逃逸。此网适于在广阔的水面上作业，能捕到较小的鱼苗，是捕捞效果较好的一种渔具。

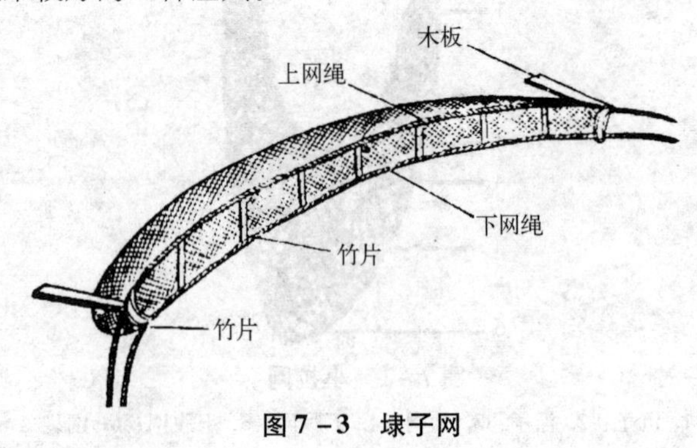

图 7－3　埭子网

推曳网：用棉线织成或尼龙帘纱布制成，网呈三角形或簸箕形（图7-4），底口拴沉子8~10个，两侧两根竹竿，下安木脚以免陷入泥中，便于滑行。此网适于有小型水沟和滩面广阔的地方作业，适宜捕捞游泳速度较慢的小鲻苗。

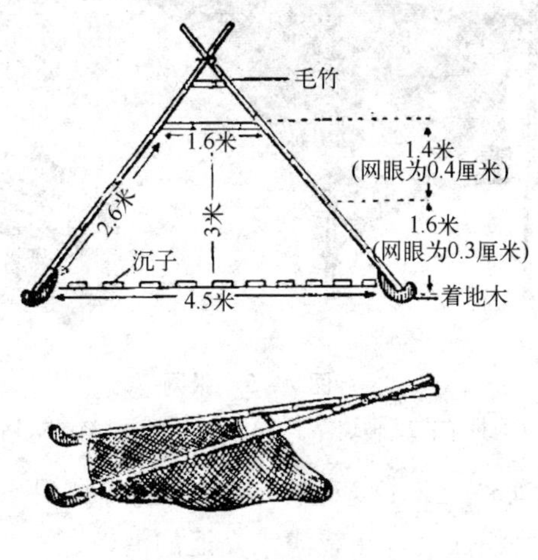

图7-4　推曳网

2. *定置渔具及渔法*

利用潮水涨退、鱼苗趋光习性以及用饵料诱集来进行张捕。此法虽是消极等待，但省人力，鱼苗不易受伤，尤其是利用灯光、饵料诱集时产量很高，很适合生产应用。

张网：类似过去淡水张捕家鱼苗的弶网。适于湾叉较长的潮沟及河口处。网用柞蚕丝或棉线织成，网长9米，网口宽5.6米，高1.8米，网身从网口到尾部逐渐细狭，细尾部口径为14~20厘米，网眼较密，接于一个麻布做的，长、高各50厘米，宽40厘米的纳苗尾箱，尾箱挂在木制的尾箱架上，借箱架浮力，使箱口露出水面。在已选好的场地上打两根桩，将网口逆流设好待涨潮捕苗。此网操作简便，产量也高，是理想的一种捕苗工具（图7-5）。

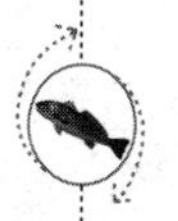

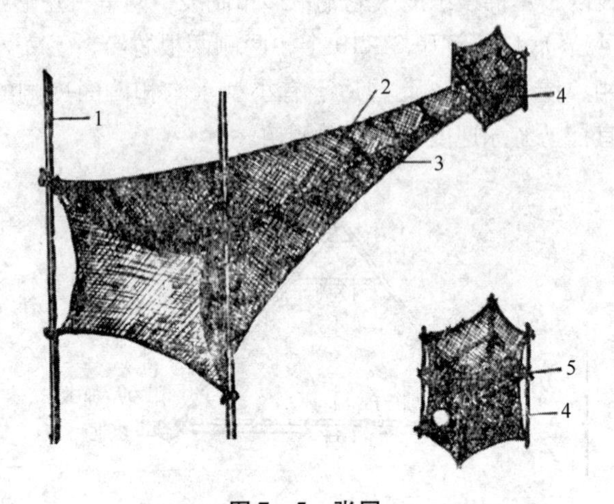

图7－5　张网

1. 桩竿；**2.** 玻璃浮子；**3.** 网筋；**4.** 网箱；**5.** 网架

罾网：为3～9米长宽相等的方形网具，网目0.4～2厘米，用棉线或锦纶线织成。多在咸淡水交汇的港口、淡水出口的闸门或潮沟出口处张捕。最好在月暗的夜晚进行，易张捕到苗。为了增加捕苗效果，常在网中吊放新鲜碎螃蟹作饵料来诱集鱼苗而捕之。

灯光诱捕法：利用鲻鱼苗具有趋光的习性，进行捕获。方法是在夜里将灯光放在水面下，用电灯每隔3米挂两个6～12伏特的灯泡。诱捕范围，视线路延伸的距离而定，开始时，全线灯泡齐亮。经过90分钟，鲻鱼苗便聚集在灯光附近，此时依次从远而近，把灯逐盏熄灭，鱼苗跟随灯光，逐渐由远而近的游集在最后熄灭的那盏灯附近。在最后一盏灯光下预先设有围网，待鱼苗全部集中后，将网拉起。此法在退潮时效果较好，因退潮时水面小，容易诱集。若附近没有电源，则可在港湾处支起汽化煤油灯，引诱鲻苗游至汽灯处，然后用预先安放好的定置鱼苗网捕起。灯光诱捕法诱捕鲻苗不仅捕获量大，成本低，花费劳动力少，同时捕捞的鱼苗不易受伤，质量好，成活率高。

半流塭：这是广东特有的捕苗法，选择中潮线倾斜度小的海滩，有淡水流入或海水盐度较低处，鲻鱼较多的地方。用土筑成一简单的堤坝，涨潮时水将堤淹没，面积有数亩至几十亩，堤高约1米，堤宽以不被一般潮水冲垮为度。在堤适当的位置留若干个缺口，宽度2~3米，此处用木桩或石块加固。在缺口处安置锥形网，退潮时半流塭内水从缺口流出，鱼苗入网便可捕到鱼苗。此作业捕苗效率高，但要勤起网取鱼苗，否则因水流冲击，鱼苗易受伤。

捕鲻鱼苗的网具多种多样，各地可根据当地海滩地形、流速、作业习惯等加以选择。捕苗时动作要迅速，又要细致，因鲻鱼苗敏感性强，游泳迅速，且能钻泥窜避，在使用罾网或推网捕苗时，要注意，勿使周围水面惊动。操作要轻快，防止鱼苗脱鳞受伤。不要网底离水作业，鱼苗桶要预先备好清净的海水，用网放入桶内，勿用手捕捉。

四、天然鱼苗的鉴别与清野

在天然海域捕获的鲻鱼苗中，常混有大量鲈鱼、鲷鱼苗以及鲻科其他种类的鱼苗。特别是鲈鱼的生殖季节在鲻鱼之后，福建渔民谚语“正月乌二月鲈”，说明鲻鱼苗农历正月是汛期，紧接着二月是鲈鱼苗出现。从养殖的要求，必须把混在一起的肉食性鱼苗清除掉。鲈鱼性极残暴，据报道33厘米长的鲈鱼能将17厘米长的鲻鱼整尾吞进腹内。因此，在鱼苗生产中，一方面争取早捕鱼苗，避开杂鱼苗出现高峰捕鲻苗，另一方面，要设法辨别与清除杂鱼苗，使养殖的鲻鱼能纯净，产量有保证。

1. 鱼苗的鉴别

在捕捞鲻鱼苗的同时，常常捕有大量的棱鲻苗、鲈鱼苗和其他杂鱼苗，为了获得纯净的鲻鱼苗，必须对各种鱼苗进行鉴别。从形态上看，鲻鱼苗与鲈鱼苗和其他鱼苗较容易区分。鲻鱼苗体格匀称，眼小，背黑腹白游泳迅速。鲈鱼苗体短而扁，体色淡黄带黑点，游泳缓慢。在广东，所捕获的鲻鱼苗更多的是与棱鲻苗混杂一起，由于两种鱼苗形态比较接近，较难分辨。根据渔民的经验，鲻鱼苗肉眼看起来体表比较光滑，棱鲻苗比较粗糙；鲻苗的

背部为银灰色，腹部为银白色，棱鲻苗体色为青灰色。在网箱中，当轻轻地把网箱的一侧提起，鲻鱼苗能够迅速游往网箱的另一侧，而棱鲻则贴在网片上，由此可以对两种鲻鱼苗进行鉴别。

捕鲻鱼苗，一般早期第一批苗最好，鱼体小，死亡少，纯净（杂鱼苗少）。第二批苗次之，后期捕的鲻鱼苗杂鱼苗多，是不理想的。鉴别鲻鱼苗成色，是凭经验进行的，一种是估计鱼苗中的鲻鱼苗和其他杂鱼苗的比例多少。另一种是根据鲻鱼苗的大小来估计每斤的尾数等情况来决定。各时期鱼苗的成色如表 7 – 1 所示。鱼苗的好坏取决于鱼苗体质的强弱，体质强的鱼苗在运输、饲养过程中成活率高，生长速度快。因此，鉴定鱼苗体质优劣，在生产实践中具有一定的意义。浙江渔民的经验是：采捕季节风浪要小，天气温暖，鱼苗未受损伤，质量好。风浪多，鱼苗鳞片上有泥浆，不活泼，质劣。潮水涨时捕上的鱼苗质量好。落潮鱼苗，因吃饱泥浆，易死，质量差。捕上来的鲻鱼苗放在网箱内能活泼游泳，质量好。游泳能力弱，头朝天的，质劣。放入暂养池时，鱼苗能自力跳出去的，质量好。反之表明体质弱。

表 7 – 1　各时期鲻鱼苗的大小与质量

时间	全长（厘米）	每千克苗尾数	成色	备注
4 月上中旬	约 1.7	1 500 ~ 2 000	纯净最好	不易死亡
4 月下旬至 5 月上旬	约 3.3	500 ~ 750	尚好	死亡不多
5 月中下旬	约 5	150 ~ 300	不纯，有杂鱼苗	有相当死亡
6 月上旬	约 6.7	75 ~ 125	杂鱼苗较多	最易死亡

2. 清野

由于天然捕捞的鲻鱼苗中混有杂鱼苗，各地通常采用如下几种方法把鲻鱼苗与杂鱼苗分开：

（1）**筛除法**　此法是利用鱼体大小不同进行筛选。选择大小适当的鱼筛（广东淡水养鱼常用的一种工具）。利用鲈、鲷鱼苗较侧扁的特点，过筛后，鲻鱼苗留在筛中，达到与其他杂鱼分开的目的。

鱼筛用精细加工的光滑圆细的竹篾编成。筛呈半球形，口径约60厘米，深约30厘米，筛目狭长，上有“筛缘”和把手，质轻能浮于水，缔缘略有弹性，不易变形，竹条精细圆滑，故鱼体不易受伤，且分得快，是一种筛除杂鱼苗的好方法。

筛目的大小可分为3毫米、4毫米、5毫米、6毫米四种，各地可根据鱼苗大小不同，加以选用。

（2）**瓢拣法**　此法和两广地区的“撇花”操作相仿，利用鱼苗的分层现象加以分开，当捕获的鲻、鲈鱼苗等还未被捞上时，把网衣浸在水面，此时鲻鱼苗浮游在水的上层，而鲈鱼苗居下层，即可用瓢把浮在水面的鲻鱼苗舀出。如分得不纯净，需经手再细拣。

（3）**手拣法**　用手将鲻鱼苗与其他杂鱼分开，这种方法功效低，只是在杂鱼少时采用。

五、鲻鱼苗的暂养和驯化

鲻鱼的养成场地，如果在捕苗就近的河口或内湾，鱼苗捕后直接放入养成场或经短途运输到达养成场地。若要在内陆淡水养殖，则需经过暂养驯化。鱼苗经密集锻炼，适应性更强，有利于运输。

1. 暂养

可在鱼苗采捕处附近的高潮线以上的滩涂，挖若干个小池，面积0.2～0.3亩，水深1米左右，池底不漏水，咸淡水水源要充足，换水方便，每亩可放养20万～30万尾。江苏东台县水产养殖场在池水盐度6，长8米，宽4米，深1米的暂养池中，暂养1.5万～2万尾鲻鱼苗，也可暂养在用聚乙烯网布做的网箱中，一个8米×3米×0.8米的网箱，可暂养3万～5万尾鲻鱼苗。暂养池水温超过27℃时，鲻鱼苗死亡率高。暂养期间一般不投饵，暂养时间以3天为宜，不超过5天。否则鱼体消瘦，体色由淡黄变黑色，单独游动，搬运困难，死亡率高。要注意水质新鲜，经常换水，才能达到较高成活率。

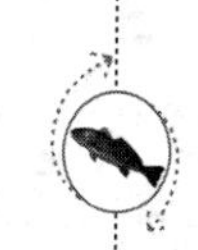

2. 驯化

鲻鱼苗从海区捕获，要移入微咸水或淡水中放养，都要经过驯化。广东汕头沿海群众的做法是：在海边咸水鱼塘或鱼堀周围，选择沙质土壤，有淡水排灌的地方筑小池，每口面积10~20平方米，水深0.4~0.5米。鱼苗暂养池也要严格清塘，清除在池中的敌害。一次可驯化鱼苗0.5万~1万尾。如果用水泥池，放苗量可增加一倍。开始驯化的盐度可照捕苗海区的海水，把鱼苗放入后，逐渐淡化，先加淡水1/4→1/3→1/2→3/4，直至完全淡化，每个阶段2~3天，整个过程约在一星期内完成。每天投喂鸭蛋黄或豆浆、桡足类以及一些粪肥饲养，以保持鱼苗体质健壮。否则鱼苗密度大，饵料不能满足，鱼体瘦弱，经不起长途运输，影响到成活率。饲养期间要防止水色变坏，或高温缺氧“浮头”。同时，操作要小心，避免损伤鱼体。经过驯化鲻鱼苗的成活率可达80%。否则成活率难于达到20%。

我国台湾省将海区捕上来的鲻苗，移到驯化池驯化，池一般是用砖建造在海滩中或近海滩处。用盐度10~15的咸淡水注满这些池，驯化的放养密度是每平方米池面放300~500尾鱼苗。每日投喂两次面粉，连续喂养7~10天，然后出售。

六、鲻鱼苗的运输

鲻鱼鱼苗要经过驯化锻炼后，方可运输，否则成活率极低。鲻鱼苗性急易死亡，因此，在运苗前要周密考虑，根据鱼苗的数量、规格大小、体质强弱、路程的远近来确定运输工具、方法和措施，这样方可达到理想的成活率。

1. 鱼苗运输时间与温度

鲻鱼苗种的运输时间最好选择在春季的4月中旬至5月中旬，秋季的10月下旬至11月中旬，当水温达到10~20℃时，运输鲻鱼苗种的时间最佳；其主要的原因是，鲻鱼苗种在温度较低的情况下吃食少，活动量小，耗氧量低，水中的溶解氧含量高，在运输苗种时也不容易造成鱼苗缺氧而死亡，运输成活率就会得到保证。因此，运输时间最好选在温度较低的清晨或傍晚。雾天或气压低的天气，不宜运输。

2. 运输前的苗种处理

要选择规格整齐、身体健壮、体色鲜艳、游动活泼的鱼苗进行运输。待运鱼苗应先放到网箱中暂养，称为“吊养”或“吊水”，使其能适应静水和波动，并在暂养期间换箱 1 ~ 2 次，使鱼苗得到锻炼。鱼种起运前要拉网锻炼 2 ~ 3 次；起运前 1 天停止投饵，促使其排出粪便和代谢黏液，避免运输过程中代谢产物分解，大量耗氧同时排出大量的二氧化碳，恶化水质环境，降低运输成活率

3. 运输方式

鲻鱼苗种的运输方式与其他鱼类苗种运输方式基本相同，共有两种：一种是短距离运输，一般采用帆布桶、塑料桶、装鱼桶或薄膜袋进行稀装（图 7 – 6），也有的采用充氧泵或氧气瓶充氧密装。另一种是远距离运输，一般采用薄膜袋充气运输或采用活鱼运输车和船运输。第一种运输方式简便，快捷易行。第二种运输方式运量大，成活率高，比较常用。

4. 苗种运输的密度与大小

①装鱼的帆布袋一般上狭下阔，呈圆柱形，用粗帆布涂石蜡制成，口径 90 厘米，底径 1 米，高 70 ~ 100 厘米。帆布袋挂在铁质支架上，保持直立，成桶状又称帆布桶。鲻鱼苗体长 2 ~ 3 厘米，一般运输几个小时的可装苗 4 000 ~ 6 000 尾。如果有条件充气的，运苗密度可增加数倍。②尼龙袋运输：用双层尼龙袋，规格为长 70 ~ 80 厘米，宽 40 厘米。运苗时袋中装水量占总容积的 2/5 ~ 1/2，即 10 ~ 15 千克，装入 500 ~ 1 000 尾鲻鱼苗，把袋中空气压出，开启氧气瓶中的阀门充入氧气。然后用橡皮筋将尼龙袋口折转扎紧封牢，放入纸箱，包装好之后即可运输。有的地方采用周长 2 米的薄膜袋装运 8 ~ 10 厘米的鲻鱼苗，每袋可装鱼

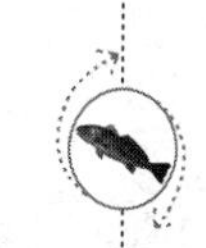

苗 300~400 尾，运输 10~12 厘米的鳐鱼苗，每袋可装 200~300 尾。

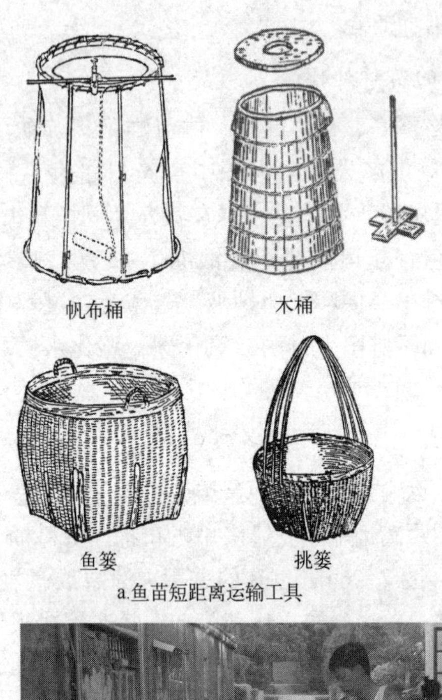

a.鱼苗短距离运输工具

b.鱼苗薄膜袋充氧包装

图 7－6　运输器具

5. 途中管理

在运输途中，随运管理人员要经常注意观察鱼苗的动态和活动情况，短距离运输鱼苗在观察时，当发现鱼苗分层分布，则表示鱼苗生活正常，观察时当发现鱼苗集中在表层分布，甚至大口小口地吸取空气，说明氧气不足，往往会出现浮头，应及时采取换水，加大充氧量或振动装鱼桶等措施去补救。长距离运输鱼苗，如发现薄膜袋内鱼苗的排泄物过多时，要及时采取换水充氧措施，换水时一定要注意所换水的水温与装苗袋内的水温基本一致，换水量一般为 1/2 或 1/3。

6. 苗种放养

鲻鱼苗种运输到目的地后，首先要测量养殖池的水温与运苗袋水温是否基本一致，如果相差较大，要及时调整养殖池水温与装苗袋水温基本一致，方法是：使用桶装短距离运输苗种，可采集养殖池水，将装苗桶加满，10 分钟后再连鱼带水缓慢放入养殖池。如果使用塑料薄膜袋远距离运输苗种，可将整袋鱼苗种放入养殖池内，10 分钟后注入加倍的养殖池水，再连鱼带水缓慢倒入养鱼池内。

第二节　亲鱼的活体运输

亲鱼的运输是人工繁殖顺利进行的第一步。但是，由于鲻鱼具有性急躁、喜跳跃、易受伤、易脱鳞、一旦受伤和脱鳞则容易死亡的特点，使亲鱼的运输变得较困难。由于这个原因，目前食用鲻鱼的运输一般都是在池塘捕起后直接放入冰中速冻，然后运到市场出售。因此，市场和酒楼极少见到有活体鲻鱼出售。南海水产研究所在鲻鱼人工繁殖研究工作的实施过程中，曾就简化亲鱼运输操作程序，减少操作人员，提高运输成活率等，先后试验过多种方法，取得了一些效果。这里对其中几种主要方法进行了比较。

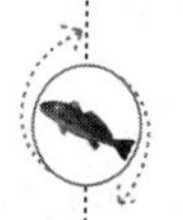

一、几种运输方法的比较

1. 塑料袋充氧密封运输

所用的塑料包装袋规格为 100 厘米 × 54 厘米，其中上部 63 厘米为白色透明的塑料薄膜，底部 37 厘米为不透明的加厚部分。包

装时加入12~15升水，放入麻醉剂，装入2~4尾亲鱼；排去袋内空气，充入氧气后用橡皮圈孔口密封（图7-7），然后启运。这种方法的优点是每批运输量可不受限制，温度低时存活率可达到100%。缺点是操作繁琐，操作人员较多；包装时间长，包装时鱼容易受伤：受温度的影响较大。温度较高时运输存活率低，但如果同时用冰块降温，存活率可能会提高。

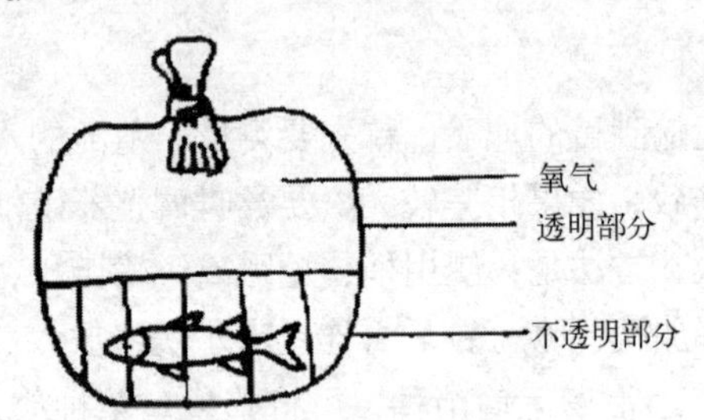

图7-7　塑料袋充氧密封运输示意图

2. 大塑料袋半封闭式运输

把4.4米×1.14米的双层大塑料袋平放于载重量为1.5吨的人货车车厢（车厢大小为2.15米×1米）。塑料袋前端包一长40厘米、直径35厘米的PVC管，用绳扎紧。在车厢前部吊高约1.3米。充气管经PVC管中央放入塑料袋内，用直流电充气机充气。然后从塑料袋后端装入约0.3立方米水，放入麻醉剂，再放入一定数量的亲鱼，最后把塑料袋后端扎紧。在车厢后部吊高约1米（图7-8），即可启运。这种半封闭式运输时间的优点是装鱼时间

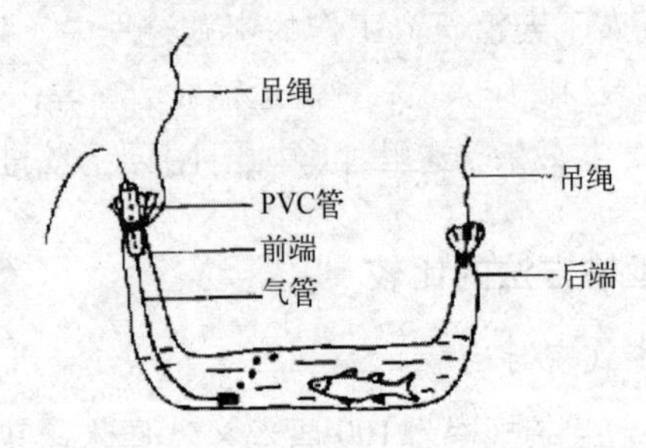

图7-8　大塑料袋半封闭式运输示意图

短，无须单独充氧。缺点是运输量不大，存活率较低；工作量大，操作不够简便，需较多人员操作；塑料袋万一在途中漏水，则较难处理；受温度影响较大，温度高时存活率低，且很难用冰块降温；卸车困难，操作不慎时死亡率升高。

3. 活鱼运输车循环洒水运输

活鱼车由水箱、真空泵和洒水装置组成。水箱分两种，一种为大帆布袋。这种鱼车的载重量为3吨，洒水装置是由真空泵将鱼箱内的水抽起，再从上方向水面喷淋；另一种按车厢大小设计的不锈钢水箱，规格为3.5米×1.95米×0.8米，洒水装置为按三面固定于水箱壁上部的管道，鱼车的载重量为2吨（图7－9）。运输时先用真空泵往水箱内抽水，实际水深约0.3米。把亲鱼直接放入水箱，然后开动洒水装置，即可启运。运输存活率均达到100%。由于使用洒水装置，鱼都在水的下层，一般不会跳出。这种方法的优点是鱼的运输量大而且安全。运输时间可以较长，温度在28℃以下时，对存活率影响不大；装鱼时间短，装车、卸车等操作简单；操作人员可减少至1～2人。由于车上有成套设备，因此无须作运输前的准备工作，也不必自备其他运输器具；途中不用放麻醉剂。缺点是受车辆的限制性较大，运输时需要专用的活鱼车。因此，在有活鱼运输车的地方，这种运输方法是最安全、简单和实用的方法。

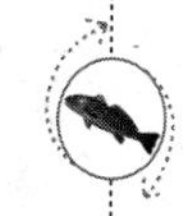

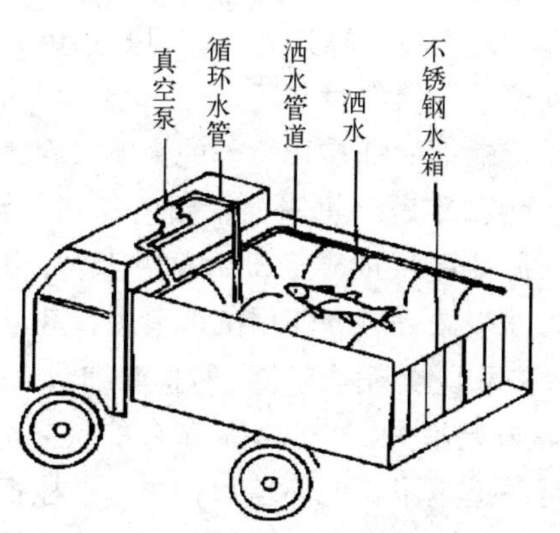

图7－9　活鱼运输车循环洒水运输示意图

4. 活鱼桶运输

容积为0.5立方米的玻璃纤维桶，实际装水0.3立方米。用直流电充气机充气。成活率100%。但这种方法只适宜于运输少量的个体较小的亲鱼。

5. 短距离搬运

短距离搬运的工具有手抄网、帆布亲鱼夹、塑料袋、塑料桶和泡沫箱等。距离较短时，可用手抄网、鱼夹和鱼袋等不带水、不麻醉搬运；距离较远时，可把亲鱼轻度麻醉后带水搬运，这种方法较灵活和简单，存活率也较高。

二、运输前后的处理

（1）预先测定养殖鲻鱼的池塘水盐度。用淡水调节室内亲鱼池的海水盐度与池塘水基本一致；亲鱼下池后，再逐渐过渡到海水盐度。但是，从以上结果来看，鲻鱼对盐度变化的适应性较强，池水过渡并不十分重要。

（2）用围网把鲻鱼从塘里捕起，挑出合适的亲鱼，放在旁边预先挂好的小网箱里暂养。运输时再从小网箱捞起亲鱼，直接装车或打包充氧。

（3）鲻鱼性急躁，喜跳跃，在捕捞、暂养、搬运和运输过程中，由于紧张、碰撞、摩擦和操作不慎等原因，鱼体容易受伤出血和脱鳞，继而出现溃疡，导致死亡。因此鲻鱼的活体运输难度都比较大，这就要求在操作时必须十分小心，特别是防止亲鱼掉落地面。由于受运输前的捕捞和暂养的影响，到达目的地后，不少亲鱼的双眼、鳍和体表严重充血，颜色鲜红，大量鳞片脱落；浮于水体上层，游泳缓慢或不活动，反应迟钝；分泌大量黏液，池水变混浊，腥味很浓。应立即用抗菌素进行药浴处理，并连续处理几天不断补充和更换新鲜海水及时抑制细菌感染导致的溃疡，第3~4天后症状开始消失，一星期后亲鱼的状况基本稳定。待亲鱼完全恢复正常并适应了新的环境后，才可以检查亲鱼的性腺成熟情况。这些包括体表已大面积脱鳞的鲻鱼治愈后，可继续长期养殖而不受感染。

第三节　商品鱼的收获

一、鱼塭收获

分为平时装捞和大收两种。平时装捞从 4 月开始，一直到年底，主要装捞虾蟹。大收一般 1 年两次，即 6—7 月和 11—12 月各一次。

1. 平时装捞收获

分为顺水（退潮）装捞和逆水（涨潮）装捞两种（图 7 - 10）。但是平时以前者为主。网具均用锥形网，呈长漏斗形，全长 11 米左右。

图 7 - 10　鱼塭收获

顺水装捞：退潮后或初涨潮时，塭内水位比塭外高，这时在闸门外端安装上锥形装捞网，绑扎好网尾。注意网框与闸底贴紧，防止装捞网框浮起，必要时加压重物，阻止鱼虾外逃。然后提起闸板，鱼虾顺水而流入网内，水流的速度以能把网拉紧冲直为准。一般每隔半小时左右起一次网，起网时把闸板放下，拉起网身，鱼虾集中于网尾，拉起网尾解开绳子，把鱼虾装进鱼桶，再绑扎

网尾，提起闸板，继续装捞，反复进行。

逆水装捞：平时很少使用，主要是使用在收获鲻科鱼类。其方法是涨潮时，塭外水位比塭内高，这时在闸门内端的网框槽上，安上装捞网，网框不贴紧闸底，离闸底10厘米左右，以作鱼类向外游的通道，并在闸门外端的闸槽上安装网闸，以拦住鱼虾的去路。安装妥当之后，提起闸板，水涌入塭内，鲻科鱼类便从闸板底部逆水而出，进入网中。

2. 大收

鱼塭养殖的种类很多，平时是收虾蟹类，大收主要是收获各种鱼类。选择在大潮后期转入小潮期进行收获。在大潮末连续3天排水，使鱼类进入沟中，收获一批鱼虾。当塭内滩涂及部分浅沟排干水后，此时鱼类集中于较深的水沟和水潭中，可先在沟中施少量茶子饼粉，使鱼类逃入水潭，用竹梢自沟的上端向水潭逐步推赶，然后用竹箔拦住沟口，再用手抛网（旋网）等网具，在水潭中大量捕捉。同时可在水潭中投放少量茶子饼粉，使鱼类中毒处于晕迷状态，便于捕获。

二、池塘收获

目前在广东地区池塘养殖大多数采用高密度养殖方法。而捕捞收获均采取采用轮捕措施，鲻苗投放的数量多，幼鲻生长快，养殖的中后期必须进行捕大留小，稀疏密度，更有利后期的生长。所以池塘养殖鲻鱼的捕捞是常年进行的生产，这样可定期向市场提供商品鱼，其余部分留在原池中继续饲养，随捕随卖。现在池塘养殖鲻鱼捕捞的方式主要有两种，撒网捕捞和拖网捕捞。撒网一般捕捞量较小，但操作方便，适合于小量生产的需要。拖网捕捞渔获量大，适合于大批量商品鱼上市的需要，但工作量大，一般需要集中安排较多的人力进行生产，由于池塘养殖鲻鱼存在多种规格，捕捞时，无论采用的是撒网还是拖网，渔网的网目要选择合适，过小会对个体较小、未达商品规格的幼鱼产生伤害。至秋末，一次性收获出售。收获时先放掉大部分池水，然后用网从池子的排水端向进水端拉网，一般需拉网2～3遍才能将鱼全部捕出，最后放干池水，彻底收获。

鲻鱼由于性格比较急躁，当捕捞上水后容易死亡，难以做到活鱼运输，一般只能做到保持鲻鱼具有鲜活时的体色。为了做到保持鲻鱼的鲜艳体色，起水后的保鲜处理非常重要。当前采用的方法主要是冰鲜保鲜法，其方法是，在准备捕捞时，预先用制冰机制好冰块，捕捞时先在装鱼的容器（一般用鱼桶）装入适量井水或自来水，并加进5%左右食盐搅匀，然后加进冰块和捕捞上来的鱼，最后在桶上面另加冰块，并盖上麻袋或其他保温材料，这样处理后可保持较低温度约4～6小时。经这样处理后的鱼，虽然不能存活，但能保持鲜活时的体色和具有鲜活鱼的鲜味，并不会带有泥腥味，提高了价值。

三、养殖全雌鱼的收获与出售

在台湾，收获时间的决定，一般是以农历冬至前一个月为原则，但是最好是在农历十月初开始每星期捕捉几尾乌鱼解剖观察卵巢发育情形，作为决定捕捉收成的依据。

当乌鱼养成可收成时，可寻找专门剖取乌鱼卵巢的商贩来进行收捕或自行雇工捕获，再运载至专门剖取乌鱼卵巢的地点剖取；乌鱼销售时可分成乌鱼壳（除去内脏的全鱼）、乌鱼卵或乌鱼膘（精巢）及乌鱼肫（胃）三部分；贩卖价格可分成两种方式制定，其一就是完全由商贩承包，商贩在收成前先检视池乌鱼的状况而分别制定价格，在收成时各项消耗均由商贩承担；另一种方式是养殖户当场与收购商议价，乌鱼壳再委托商贩至鱼市场贩卖的代工方式处理，采用这种方式所出现的一些消耗由养殖户承担。

一般乌鱼收成时是以2～3天内将整池乌鱼出售完毕为原则，避免拖延收成天数太久因捕捉时受到惊吓使母乌卵巢退化，此点需特别注意。

乌鱼子的售价分成许多等级，越大的越贵，野生的乌鱼子最贵，进口的乌鱼子和养殖的乌鱼子价钱差不多，原因是进口的乌

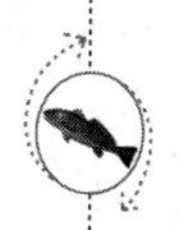

鱼卵必须负担关税，因此成本也不低。剖取后的卵巢可区分成上子、中子及下子三部分：上子为每副卵巢重量300克以上，外观颜色为鹅黄色，外表除两条血管外少血丝，富弹性，轻按后会弹回原状，放于手掌上两侧不易下垂，每台斤售价可达600～800元新台币（下同）以上，价格较好时可高达1 000～1 200元；中子每副重量约300～500千克，外观仍为鹅黄色或些微橙黄色，除两条血管外尚有少许血丝，弹性稍差，每台斤售价约300～400元（价格高时约500～600元）；下子则为外观颜色呈橙红，重量轻不足250千克，外表多血丝，大多属将过熟卵或重量过轻者。若属过熟或已退化的卵巢者，即称为废子，乌鱼子制造商就不收购，但仍有部分餐厅会以低价收购。

第八章　鲻鱼的综合利用

内容提要：鲻鱼的解剖学特征；乌鱼子的加工；鲻鱼盐干品；乌鱼卷（鲻鱼胃干）；调味烤鲻鱼片；鲻鱼皮即食食品；鲻鱼的食疗价值。

第一节　鲻鱼的解剖学特征

目前我国鲻鱼的流通以冰鲜销售为主。鲻鱼体肥肉厚，含肉率高，背肌和腹肌重占体重的46.16% ~51.91%（表8－1）。

表8－1　鲻鱼的解剖学特征（克）

来源	体长（厘米）	体重	背肌	腹肌	内脏	头部	鱼排	鳞片
养殖	36.7	684.6	225.4	90.6	94.0	141.0	111.0	22.6
野生	37.0	649.2	239.4	97.6	60.2	143.4	85.0	23.6

第二节　乌鱼子的加工

台湾省的鲻鱼生产集中在中南部，其鱼汛期为每年12月至翌年1月，尤以农历冬至前后10天为盛期。鱼汛期很短，且产量有限。渔民获得鲻鱼以后，即将雄鲻鱼售到鱼市场，雌鲻鱼则剖出鱼卵，与鱼肉分别出售。除胃和卵巢供加工外，鱼体主要用于鲜食。若鲻鱼产量过剩滞销时，人们则将鱼制成盐干品。卵巢制品“乌鱼子”为高级食品，价格高昂，大部分销往日本，为台湾名产之一。

一、乌鱼子的化学成分

台湾省水产试验所对乌鱼子在加工过程中所起的化学变化进行了测定，结果如表 8－2 所示。

表 8－2　乌鱼子在加工过程中的化学变化（%）

	水分	粗蛋白	粗脂肪	粗灰分	盐分
生鲕	50.01	26.75	20.48	0.92	0.14
渍盐后	39.52	29.56	22.24	5.96	5.22
脱盐后	57.79	21.13	18.49	/	/
除水后	53.17	23.27	19.86	1.14	0.74
晒干 2 天后	48.04	25.49	22.72	2.03	/
晒干 5 天后	40.48	/	26.41	/	/
成品	34.05	32.12	27.36	2.55	1.01

二、乌鱼子的加工工艺流程

台湾的乌鱼子加工为一种短期性的家庭加工业，其工艺流程如下：卵巢摘采→卵巢放血→盐渍→脱盐→加压整形→干燥→成品贮藏。

卵巢摘采：将鱼体腹面朝上，鱼头向身边，鱼尾向外，左手握着胸鳍，右手持刀，在胸鳍直下横切 3～6 厘米，然后从切口处直向肛门处切开腹部皮层，此时刀刃向上，以免损伤卵膜。将腹皮切开后，右手插入腹内把卵巢细心地取出（图 8－1）。

卵巢放血：将卵巢放在手中或处理台上，用汤匙先将细血管的血液压送到干血管，然后从卵囊的尾部向囊部轻轻地把血液完全压出。处理时应十分小心不要破坏卵囊膜，以免卵粒撒出。然后放入水盆中用清水洗净污物，若发现卵囊头端部裂开，可用细棉线扎紧，以免卵粒撒出（图 8－2）。

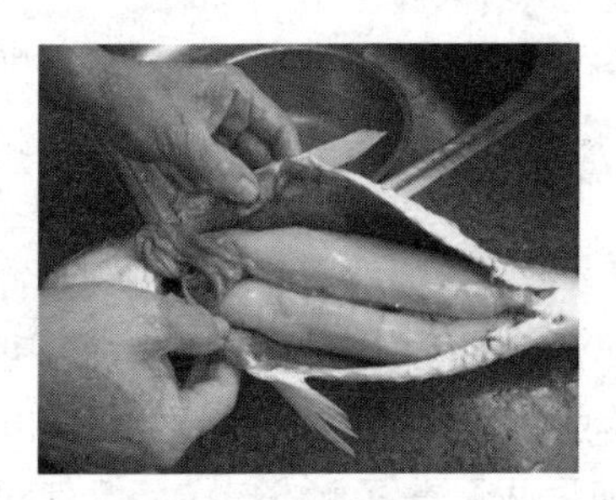

图 8－1　卵巢摘采

图 8－2　卵巢放血

盐渍：将经放血水洗的卵巢放到平面竹篓稍为滴水，然后开始盐渍，应用干燥的细盐，若盐潮湿，应晒干后使用。盐渍时左手将卵巢放置在盐堆上，右手拿盐涂布，一方面撒盐，一方面让卵巢自然贴附食盐，使卵巢各部均贴附食盐。经盐渍后卵巢 3 只或 5 只，重叠排列于干燥木板上，有血管的一面向上，使食盐易于渗入各部分。应将较大的卵巢放在下层，以便初步整形。在最上层放置砖头加压。盐渍过程历时 5 小时（图 8－3）。

脱盐：将经过盐渍后的卵巢取出，浸入清水中洗去残余食盐和表面的污物，移入另一清水盆中再洗一次（图 8－4），脱盐时间不能过久，以免水浸入卵囊内发生水泡。

图 8－3　盐渍

图 8－4　脱盐

加压整形：将脱盐后的卵巢选别大小，卵巢头尾相互交叉，分别排置干燥木板上。并整理卵巢统一形状，如发现有破裂的可贴上透明胶纸或白纱布。一块木板上大约可排上10个卵巢。

上述操作完后，上面盖白纱布，再叠上一块木板，然后再排上卵巢，一直重叠10层。最上层压置14块红砖（图8－5），如此加压需约一夜（约8小时）。

干燥：清晨日出时，将经过一夜加压的卵巢移出，排列于竹架上晒干（图8－6）。可用清洁的湿布擦拭去卵巢和木板表面的黏液污物，并将卵巢翻转多次。日落前将卵巢收置室内，再重复加压。可多加红砖，以便增加压力。随后两天重复上述操作，但夜间不必再加压。第三天日落收时使用少许猪油涂搽卵巢表面，以增加成品光泽，经过上述工艺处理后，鲻鱼的卵巢即加工成“乌鱼子”。其重量约为卵巢重的70%。

图8－5　加压整形

图8－6　干燥

修补：在干燥的过程当中，乌鱼子会有破掉的情形，所以要不断地检查，并用猪肠来修补。

整型：干燥完之后，再利用美工刀将不平整的部分修整漂亮，使其卖相较好（图8－7）。

成品真空包装及食用：乌鱼子本身是生的鱼卵盐渍物，所以必须透过真空包装去延长保存期限（图8－8）。食用时，将鱼卵切成薄片，在炭火上微炙，直到成熟为度，再配以各种佐料便可食用了。乌鱼子本是乌鱼卵，经烘烤后，蘸以酱油，拌以姜葱，便为佐酒妙品。看，赏心悦目；吃，异香味道留存良久。乌鱼子还能作为新年礼品，馈赠亲朋好友。

图8－7　修补整型

图8－8　成品真空包装

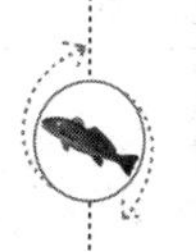

第三节　鲻鱼盐干品

原料处理：使用脱鳞刀把鱼体表面的鱼鳞脱光，然后用清水洗干净，稍为滴水后使用鱼刀从头顶背开，背部肉厚之处应多加几刀，除去内脏后，投入水桶脱血洗净。

盐渍：于盐渍池先撒一层食盐，然后排置一层鲻鱼，上面再撒一层食盐，如此一层盐，一层鱼肉，盐渍10小时后取出，洗去附着食盐，滴水后即供晒干。渗盐量为10千克的鲻鱼肉，用盐1千克，经10小时盐渍的鲻鱼肉约可减去10%的水分，而使干燥速度加快。

干燥：经上述处理后的鲻鱼排置在竹箦上晒干，竹箦的排放应成45°的倾斜度，而使上下畅流通风，即竹箦的一端放置在预好1米高的竹枕上。鱼肉的排放不得过密，以免干燥缓慢，影响制品价值。晒干时应每天翻转数次，以平常的天气，经3天的干燥即可完成制品。

第四节　乌鱼卷（鲻鱼胃干）

在剖开鲻鱼提取卵巢的同时，采取鱼胃，用刀剖开除去胃中污物，并用清水洗干净，放置在竹箦上滴水，后使用15%的食盐盐渍4小时，将鱼胃逐块穿入铁丝，晒干成条状乌鱼卷制品。

第五节　调味烤鲻鱼片

以冰鲜鲻鱼为原料，经过去头、鳞、鳍和内脏→剥皮→剖块→速冻→切片→浸漂→沥水→调味→烘烤→辗松→包装（成品）的生产工艺，制成色泽浅，口感好，滋味鲜美可口，并具有烤鱼特有香味的调味烤鲻鱼片。

第六节　鲻鱼皮即食食品

以鲻鱼皮为原料，经过刮去脂肪和残留鱼肉→洗净→切段→浸保水剂→杀菌→汤煮→冰冷→沥水→称重→包装→成品的生产工艺，制成软包装即食食品——鲻鱼皮。产品为螺旋状，具有鱼皮特有的银灰色，爽脆且富有韧性，在0～5℃下可保质45天。

第七节　鲻鱼的食疗价值

一、药材基原

为鲻科鱼类鲻鱼及近缘多种动物的肉。

二、采收和储藏

常年均可捕捞。捕后，除去鳞片及内脏，洗净，鲜用。可煎汤或入菜肴。

三、中药化学成分

全鱼：含蛋白质，脂肪，硫胺素（thiamine），核黄素（riboflavine），烟酸（nicotinic acid）及钙、磷、铁。

肌肉：含糖原，清蛋白（albumin），肌酸（creatine），肌酸酐（creatinine），组胺（histamine），组氨酸脱羧酶（histidine decarboxylase），肌动球蛋白（actomyosin），卵磷脂（lecithine），维生素 B_6，色氨酸（tryptophane），赖氨酸（lysine）等多种氨基酸。鲜肝含维生素 B_{12}，乙醇脱氢酶（alcohol dehydrogenase），过氧化氢酶（catalase）。

胆汁：主要成分为牛磺鹅去氧胆酸（taurochenodeoxycholic acid）。

卵脂：含少量1－烯基二脂酰甘油（alk－1－enyl diglyceride），烷基二脂酰甘油（alkyldiglyceride），卵油萌芽酯含多不饱和醇，酸有16:0、18:1、18:2、18:3、26－40酸等。

脑垂体：含类催乳激素物质（prolactinlike hormone），促黑素细胞因子（melanocyte stimusating factor），脂类饱和脂肪酸以16:0、18:0为主，不饱和脂肪酸以16:0、18:2、18:3、20:5、22:6为主，花生四烯酸（arachidonic acid）含量高。肾含皮质醇（cortsol），可的松（cortisone）。

皮及鳞：含脯氨酸（proline），羟基脯氨酸（hydroxyproline），胡萝卜素类：玉米黄质（zeaxanthin），叶黄素（lutein），胡萝卜二醇（tunaxanthin），β－胡萝卜素（β－carotene），硅藻黄质（diadoxanthin），梳黄质（cynthiaxanthin），隐黄质（cryptoxanthin），异隐黄质（isocryptoxanthin）等。

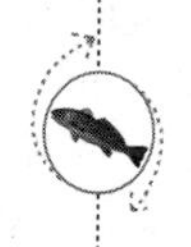

四、药性

鲻鱼肉性平，味甘咸；能补脾益气，开胃进食。具有补虚弱，健脾胃的作用。

五、归经

脾；胃；肺经。

六、功效

用于脾胃少食，消化不良，或小儿疳疾，消瘦，气血不足、百日咳、散瘀止痛有一定辅助疗效。

七、各家论述

1.《开宝本草》

主开胃，通利五脏，久食令人肥健。

2. 婉可成《食物本草》

助脾气，令人能食，益筋骨，益气力，温中下气。

八、考证：出自《开宝本草 》

1.《开宝本草》

鲯鱼食泥，与百药无忌。似鲤，身圆、头扁、骨软。生江海浅水中。

2.《纲目》

鲯鱼，生东海。状如青鱼，长者尺余，其子满腹，有黄脂味美，獭喜食之。

九、附方

1. 鲻鱼白术汤

鲻鱼 100 克，白术 15 克，陈皮 6 克，生姜 6 克。先煮鲻鱼取汁，后以此汁煎药取汁。可加少许食盐调味服。

本方所用皆健脾开胃之物，鳕鱼肉有营养补益之功。用于脾胃虚弱，少食脘闷，腹泻便溏，消瘦乏力等。

2. 鳕鱼黄芪汤

鳕鱼 100 克，黄芪 30 克。加水适量煎汤，去渣取汁服。

黄芪为补气生血要药，与鳕鱼同用，能增强补脾益气、生血养血的作用。用于气血不足或贫血的病人。

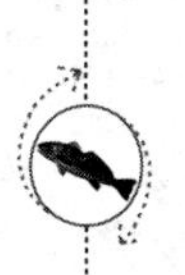

附　录

一、渔用配合饲料的安全指标限量

附表1　渔用配合饲料的安全指标限量

项目	限量	适用范围
铅（以Pb计）/（毫克·千克$^{-1}$）	≤5.0	各类渔用配合饲料
汞（以Hg计）/（毫克·千克$^{-1}$）	≤0.5	各类渔用配合饲料
无机砷（以As计）/（毫克·千克$^{-1}$）	≤3	各类渔用配合饲料
镉（以Cd计）/（毫克·千克$^{-1}$）	≤3	海水鱼类、虾类配合饲料
	≤0.5	其他渔用配合饲料
铬（以Cr计）/（毫克·千克$^{-1}$）	≤10	各类渔用配合饲料
氟（以F计）/（毫克·千克$^{-1}$）	≤350	各类渔用配合饲料
游离棉酚/（毫克·千克$^{-1}$）	≤300	温水杂食性鱼类、虾类配合饲料
	≤150	冷水性鱼类、海水鱼类配合饲料
氰化物/（毫克·千克$^{-1}$）	≤50	各类渔用配合饲料
多氯联苯/（毫克·千克$^{-1}$）	≤0.3	各类渔用配合饲料
异硫氰酸酯/（毫克·千克$^{-1}$）	≤500	各类渔用配合饲料
噁唑烷硫酮/（毫克·千克$^{-1}$）	≤500	各类渔用配合饲料
油脂酸价（KOH）/（毫克·千克$^{-1}$）	≤2	渔用育苗配合饲料
	≤6	渔用育成配合饲料
	≤3	鳗鲡育成配合饲料

续表

项　目	限　量	适用范围
黄曲霉素 B_1/（毫克·千克$^{-1}$）	≤0.01	各类渔用配合饲料
六六六/（毫克·千克$^{-1}$）	≤0.3	各类渔用配合饲料
滴滴涕/（毫克·千克$^{-1}$）	≤0.2	各类渔用配合饲料
沙门氏菌/（cfu·克$^{-1}$）	不得检出	各类渔用配合饲料
霉菌/（cfu·克$^{-1}$）	≤3×10^4	各类渔用配合饲料

二、渔用药物使用准则

（一）渔用药物

1. 用以预防、控制和治疗水产动植物的病、虫、害，促进养殖品种健康生长，增强机体抗病能力以及改善养殖水体质量的一切物质，简称“渔药”。

2. 生物源渔药

直接利用生物活体或生物代谢过程中产生的具有生物活性的物质或从生物体提取的物质作为防治水产动物病害的渔药。

3. 渔用生物制品

应用天然或人工改造的微生物、寄生虫、生物毒素或生物组织及其代谢产物为原材料，采用生物学、分子生物学或生物化学等相关技术制成的、用于预防、诊断和治疗水产动物传染病和其他有关疾病的生物制剂。它的效价或安全性应采用生物学方法检定并有严格的可靠性。

4. 休药期

最后停止给药日至水产品作为食品上市出售的最短时间。

（二）渔用药物使用基本原则

1. 渔用药物的使用应以不危害人类健康和不破坏水域生态环境为基本原则。

2. 水生动植物增养殖过程中对病虫害的防治，坚持“以防为主，防治结合”。

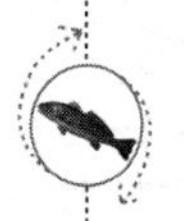

3. 渔药的使用应严格遵循国家和有关部门的有关规定，严禁生产、销售和使用未经取得生产许可证、批准文号与没有生产执行标准的渔药。

4. 积极鼓励研制、生产和使用“三效”（高效、速效、长效）、“三小”（毒性小、副作用小、用量小）的渔药，提倡使用水产专用渔药、生物源渔药和渔用生物制品。

5. 病害发生时应对症用药，防止滥用渔药与盲目增大用药量或增加用药次数、延长用药时间。

6. 食用鱼上市前，应有相应的休药期。休药期的长短，应确保上市水产品的药物残留限量符合 NY5070 要求。

7. 水产饲料中药物的添加应符合 NY5072 要求，不得选用国家规定禁止使用的药物或添加剂，也不得在饲料中长期添加抗菌药物。

（三）渔用药物使用方法

附表 2　渔用药物使用方法

渔药名称	用　途	用法与用量	休药期/天	注意事项
氧化钙（生石灰）	改善池塘环境、清除敌害生物及预防部分细菌性疾病	带水清塘 200 ~ 250 毫克/升；全池泼洒 20 毫克/升		不能与漂白粉有机氯、重金属盐和有机络合物混用
漂白粉	清塘，改善池塘环境，防治细菌性皮肤病	带水清塘 20 毫克/升；全池泼洒 1.0 毫克/升	≥5	①勿用金属容器盛装；②勿与酸、铵盐、生石灰混用
二氯异氰脲酸钠	清塘及防治细菌性皮肤病	全池泼洒：0.3 ~ 0.6 毫克/升	≥10	勿用金属容器盛装
三氯异氰脲酸	清塘及防治细菌性皮肤病	全池泼洒：0.2 ~ 0.5 毫克/升	≥10	①勿用金属容盛装；②水体 pH 值不同时使用量应适当增减

续表

渔药名称	用　途	用法与用量	休药期/天	注意事项
二氧化氯	防治细菌性疾病	浸浴：20~40毫克/升，5-10分钟；全池泼洒：0.1~0.2毫克/升，严重时0.3~0.6毫克/升	≥10	①勿用金属容器盛装；②勿与其他消毒剂混用
二溴海因	防治细菌性和病毒性疾病	全池泼洒：0.2~0.3毫克/升		
氯化钠（食盐）	防治细菌性、真菌性或寄生虫性疾病	浸浴：1%~3%，10~15分钟		
高锰酸钾（锰酸钾、灰锰氧、锰强灰）	用于杀灭锚头鳋	浸浴：10~20毫克/升，15~30分钟；全池泼洒：4~7毫克/升		①水中有机物含量高时药效降低；②不宜在强烈阳光下使用
福尔马林（40%甲醛溶液）	用于治疗寄生虫病，如车轮虫病、小瓜虫病等	以10~30毫克/升的水体终浓度全池泼洒，隔天一次，直到病情控制为止	≥30	①禁止与漂白粉、高锰酸钾、强氯精合用；②使用时防止缺氧
四烷基季铵盐络合碘（季铵盐含量为50%）	对病毒、细菌、纤毛虫、藻类有杀灭作用	全池泼洒：0.3毫克/升		①勿与碱性物质同用；②勿与阴性离子表面活性剂混用；③使用后注意池塘增氧；④勿用金属容器盛装
聚维酮碘（聚乙烯吡咯烷酮碘、皮维碘、PVP-I、伏碘）（有效碘为1.0%）	用于防治细菌性、病毒性疾病	全池泼洒：0.5毫克/升；浸浴：30毫克/升，15~20分钟；		①勿与金属物品接触；②勿与季胺盐类消毒剂直接混合使用

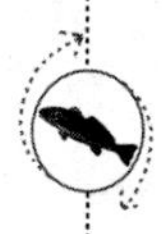

续表

渔药名称	用　途	用法与用量	休药期/天	注意事项
氟苯尼考	用于治疗细菌性疾病	拌饵投喂：每千克体重 10 毫克，连用 4～6 天	≥7	
土霉素	用于治疗肠炎病	拌饵投喂：每千克体重 50～80 毫克，连用 4～6 天	≥30	勿与铝、镁离子及卤素、碳酸氢钠、凝胶合用
磺胺嘧啶（磺胺哒嗪）	用于治疗肠炎病	拌饵投喂：每千克体重 100 毫克，连用 5 天		第一天药量加倍
磺胺甲噁唑（新诺明、新明磺）	用于治疗肠炎病	拌饵投喂：每千克体重 100 毫克，连用 5～7 天		①不能与酸性药物同用；②第一天药量加倍
大蒜	用于防治细菌性肠炎病	拌饵投喂：每千克体重 10～30 克，连用 4～6 天		
大蒜素粉（含大蒜素 10%）	用于防治细菌性肠炎病	每千克体重 0.2 克，连用 4～6 天		
大黄	用于防治细菌性疾病	全池泼洒：2.5～4.0 毫克/升；拌饵投喂：每千克体重 5～10 克，连用 4～6 天		投喂时常与黄芩，黄柏合用，三者比例为 5:2:3
黄芩	用于防治细菌性疾病	拌饵投喂：每千克体重 2～4 克，连用 4～6 天		投喂时常与大黄、黄柏合用，三者比例为 2:5:3
黄柏	用于防治细菌性疾病	拌饵投喂：每千克体重 3～6 克，连用 4～6 天		投喂时常与大黄、黄芩合用，三者比例为 3:5:2
五倍子	用于防治细菌性疾病	全池泼洒：2～4 毫克/升		

续表

渔药名称	用　途	用法与用量	休药期/天	注意事项
穿心莲	用于防治细菌性疾病	全池泼洒：15～20毫克/升；拌饵投喂：每千克体重10～20克，连用4～6天		
苦参	用于防治细菌性疾病	全池泼洒：1.0～1.5毫克/升；拌饵投喂：每千克体重1～2克，连用4～6天		

资料来源：中华人民共和国农业行业标准《无公害食品　渔用药物使用准则》（NY 5071—2002）。

（四）禁用渔药

严禁使用高毒、高残留或具有三致毒性（致癌、致畸致突变）的渔药。严禁使用对水域环境有严重破坏而又难以修复的渔药，严禁直接向养殖水域泼洒抗菌素，严禁将新近开发的人用新药作为渔药的主要或次要成分。禁用渔药见附表3。

附表3　禁用渔药

药物名称	化学名称（组成）	别　名
地虫硫磷 Fonofos	O－乙基－S苯基二硫代磷酸乙酯	大风雷
六六六 BHC（HCH）benzem，bexachloridge	1，2，3，4，5，6－六氯环已烷	
林丹 lindanle，gammaxare，gamma－BHC，gamma－HCH	γ－1，2，3，4，5，6－六氯环已烷	丙体六六六

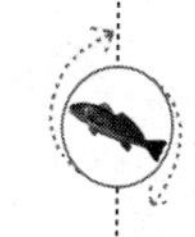

续表

药物名称	化学名称（组成）	别　名
毒杀芬 camphechlor（ISO）	八氯莰烯	氯化莰烯
滴滴涕 DDT	2，2－双（对氯苯基）－1，1，1－三氯乙烷	
甘汞 calomel	二氯化汞	
硝酸亚汞 mercurous nitrate	硝酸亚汞	
醋酸汞 mercuric acetate	醋酸汞	
呋喃丹 carbofuran	2，3－二氢－2，2－二甲基－7－苯并呋喃基－甲基氨基甲酸脂	克百威、大扶农
杀虫脒 chlordimeform	N－（2－甲基－4－氯苯基）N′，N′－二甲基甲脒盐酸盐	克死螨
双甲脒 anitraz	1，5－双－（2，4－二甲基苯基）－3－甲基1，3，5－三氮戊二烯－1，4	二甲苯胺脒
氟氯氰菊酯 cyfluthrin	α－氰基－3－苯氧基－4－氟苄基（1R，3R）－3－（2，2－二氯乙烯基）－2，2－二甲基环丙烷羧酸酯	百树菊酯、百树得
五氯酚钠 PCP－Na	五氯酚钠	
氟氰戊菊酯 flucythrinate	（R，S）－α 氰基－3－苯氧苄基－（R，S）－2－（4－二氯甲氧基）－3－甲基丁酸酯	保好江乌、氟氰菊酯
孔雀石绿 malachite green	$C_{23}H_{25}ClN_2$	碱性绿、盐基块绿、孔雀绿

续表

药物名称	化学名称（组成）	别　名
酒石酸锑钾 antimony1 potassium tartrate	酒石酸锑钾	
锥虫胂胺 tnyparsamide	$C_8H_{10}AsN_2O_4Na$	
磺胺噻唑 sulfathiazolum ST, norsultazo	2－（对氨基苯磺酰胺）－噻唑	消治龙
磺胺脒 sulfaguanidine	N_1－脒基磺胺	磺胺胍
呋喃西林 furacillinum, nitrofurazone	5－硝基呋喃醛缩氨基脲	呋喃新
呋喃那斯 furanace, nifurpirinol	6－羟甲基－2－［－（5－硝基－2－呋喃基乙烯基)］吡啶	p－7138（实验名）
氯霉素（包括其盐、酯及制剂）chloramp hennicol	由委内瑞拉链霉素生产或合成法制成	
红霉素 erythromycin	属微生物合成，是红霉素链球菌 *Streptomyces erythreus* 产生的抗生素	
杆菌肽锌 zinc bacitracin premin	由枯草杆菌 *Bacillus subtilis* 或 *B. leicheniformis* 所产生的抗生素，为一含有噻唑环的多肽化合物	枯草菌肽
泰乐菌素 tylosin	*S. fradiae* 所生产的抗生素	

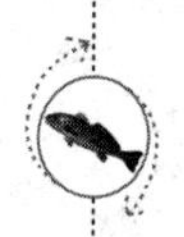

续表

药物名称	化学名称（组成）	别　名
环丙沙星 ciprofloxacin (CIPRO)	为合成的第三代喹诺酮类抗菌药，常用盐酸盐水合物	环丙氟哌酸
阿伏帕星 avoparcin	$C_{83}H_{92}ClN_9O_{31}$	阿伏霉素
喹乙醇 olaquindox	喹乙醇	喹酰胺醇、羟乙喹氧
速达肥 fenbendazole	5－苯硫基－2－苯并咪唑	苯硫哒唑氨、甲基甲酯
呋喃唑酮 furazolidonum, nifulidone	3－（5－硝基糠叉胺基）－2－噁唑烷酮	痢特灵
己烯雌酚（包括雌二醇等其他类似合成雌性激素）diethylstilbestrol, stilbestrol	人工合成的非甾体雌激素	乙烯雌酚、人造求偶素
甲基睾丸酮（包括丙酸睾丸酮、去氢甲睾酮，以及同化物等雄性激素）methyltestosterone, metandren	睾丸素 C_{17} 的甲基衍生物	甲睾酮，甲基睾酮

资料来源：中华人民共和国农业行业标准 NY 5071—2002。

(五) 无公害食品　水产品中渔药残留限量 NY 5070－2002 (摘录)

附表 4　水产品中渔药残留限量

药物类别		药物名称 中文	药物名称 英文	指标 (MRL) / (微克·千克$^{-1}$)
抗生素类	四环素类	金霉素	Chlortetracycline	100
		土霉素	Oxytetracycline	100
		四环素	Tetracycline	100
	氯霉素类	氯霉素	Chloramphenicol	不得检出
磺胺类及增效剂		磺胺嘧啶	Sulfadiazine	100 (以总量计)
		磺胺甲基嘧啶	Sulfamerazine	
		磺胺二甲基嘧啶	Sulfadimidine	
		磺胺甲噁唑	Sulfamethoxaozole	
		甲氧苄啶	Trimethoprim	50
喹诺酮类		噁喹酸	Oxilinic acid	300
硝基呋喃类		呋喃唑酮	Furazolidone	不得检出
其他		己烯雌酚	Diethylstilbestrol	不得检出
		喹乙醇	Olaquindox	不得检出

资料来源：中华人民共和国农业行业标准《无公害食品　水产品中渔药残留限量》(NY 5070—2002)。

三、食品动物禁用的兽药及其他化合物清单

(农业部公告第 193 号)

为保证动物源性食品安全，维护人民身体健康，根据《兽药管理条例》的规定，我部制定了《食品动物禁用的兽药及其他化合物清单》(以下简称《禁用清单》)，现公告如下：

1. 《禁用清单》序号 1～18 所列品种的原料药及其单方、复方制剂产品停止生产，已在兽药国家标准、农业部专业标准及兽药地方标准中收载的品种，废止其质量标准，撤销其产品批准文号；已在我国注册登记的进口兽药，废止其进口兽药质量标准，注销其《进口兽药登记许可证》。

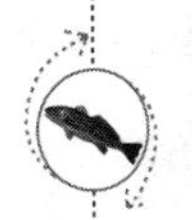

2. 截至2002年5月15日，《禁用清单》序号1~18所列品种的原料药及其单方、复方制剂产品停止经营和使用。

3. 《禁用清单》序号19~21所列品种的原料药及其单方、复方制剂产品不准以抗应激、提高饲料报酬、促进动物生长为目的的在食品动物饲养过程中使用。

附表5　食品动物禁用的兽药及其他化合物清单

序号	兽药及其他化合物名称	禁止用途	禁用动物
1	β-兴奋剂类：克仑特罗 Clenbuterol、沙丁胺醇 Salbutamol、西马特罗 Cimaterol 及其盐、酯及制剂	所有用途	所有食品动物
2	性激素类：己烯雌酚 Diethylstilbestrol 及其盐、酯及制剂	所有用途	所有食品动物
3	具有雌激素样作用的物质：玉米赤霉醇 Zeranol、去甲雄三烯醇酮 Trenbolone、醋酸甲孕酮 Mengestrol，Acetate 及制剂	所有用途	所有食品动物
4	氯霉素 Chloramphenicol 及其盐、酯（包括：琥珀氯霉素 Chloramphenicol Succinate）及制剂	所有用途	所有食品动物
5	氨苯砜 Dapsone 及制剂	所有用途	所有食品动物
6	硝基呋喃类：呋喃唑酮 Furazolidone、呋喃它酮 Furaltadone、呋喃苯烯酸钠 Nifurstyrenate Sodium 及制剂	所有用途	所有食品动物
7	硝基化合物：硝基酚钠 Sodium Nitrophenolate、硝呋烯腙 Nitrovin 及制剂	所有用途	所有食品动物
8	催眠、镇静类：安眠酮 Methaqualone 及制剂	所有用途	所有食品动物
9	林丹（丙体六六六）Lindane	杀虫剂	所有食品动物
10	毒杀芬（氯化烯）Camahechlor	杀虫剂、清塘剂	所有食品动物
11	呋喃丹（克百威）Carbofuran	杀虫剂	所有食品动物
12	杀虫脒（克死螨）Chlordimeform	杀虫剂	所有食品动物
13	双甲脒 Amitraz	杀虫剂	水生食品动物
14	酒石酸锑钾 Antimony Potassium Tartrate	杀虫剂	所有食品动物

续表

序号	兽药及其他化合物名称	禁止用途	禁用动物
15	锥虫胂胺 Tryparsamide	杀虫剂	所有食品动物
16	孔雀石绿 Malachite Green	抗菌、杀虫剂	所有食品动物
17	五氯酚酸钠 Pentachlorophenol Sodium	杀螺剂	所有食品动物
18	各种汞制剂包括：氯化亚汞（甘汞）Calomel，硝酸亚汞 Mercurous Nitrate、醋酸汞 Mercurous Acetate、吡啶基醋酸汞 Pyridyl Mercurous Acetate	杀虫剂	所有食品动物
19	性激素类：甲基睾丸酮 Methyltestosterone、丙酸睾酮 Testosterone Propionate、苯丙酸诺龙 Nandrolone Phenylpropionate、苯甲酸雌二醇 Estradiol Benzoate 及其盐、酯及制剂	促生长	所有食品动物
20	催眠、镇静类：氯丙嗪 Chlorpromazine、地西泮（安定）Diazepam 及其盐、酯及制剂、	促生长	所有食品动物
21	硝基咪唑类：甲硝唑 Metronidazole、地美硝唑 Dimetronidazole 及其盐、酯及制剂、	促生长	所有食品动物

注：食品动物是指各种供人食用或其产品供人食用的动物。

四、关于禁用药的说明

（一）氯霉素。该药对人类的毒性较大，抑制骨髓造血功能造成过敏反应，引起再生障碍性贫血（包括白细胞减少、红细胞减少、血小板减少等），此外该药还可引起肠道菌群失调及抑制抗体的形成。该药已在国外较多国家禁用。

（二）呋喃唑酮。呋喃唑酮残留会对人类造成潜在危害，可引起溶血性贫血、多发性神经炎、眼部损害和急性肝坏死等残病。目前已被欧盟等国家禁用。

（三）甘汞、硝酸亚汞、醋酸汞和吡啶基醋酸汞。汞对人体有较大的毒性，极易产生富集性中毒，出现肾损害。国外已经在水产养殖上禁用这类药物。

（四）锥虫胂胺。由于砷有剧毒，其制剂不仅可在生物体内形

成富集，而且还可对水域环境造成污染，因此它具有较强的毒性，国外已被禁用。

（五）五氯酚钠。它易溶于水，经日光照射易分解。它造成中枢神经系统、肝、肾等器官的损害，对鱼类等水生动物毒性极大。该药对人类也有一定的毒性，对人的皮肤、鼻、眼等黏膜刺激性强，使用不当，可引起中毒。

（六）孔雀石绿。孔雀石绿有较大的副作用：它能溶解足够的锌，引起水生动物急性锌中毒，更严重的是孔雀石绿是一种致癌、致畸药物，可对人类造成潜在的危害。

（七）杀虫脒和双甲脒。农业部、卫生部在发布的农药安全使用规定中把杀虫脒列为高毒药物，1989 年已宣布杀虫脒作为淘汰药物；双甲脒不仅毒性高，其中间代谢产物对人体也有致癌作用。该类药物还可通过食物链的传递，对人体造成潜在的致癌危险。该类药物国外也被禁用。

（八）林丹、毒杀芬。均为有机氯杀虫剂。其最大的特点是自然降解慢，残留期长，有生物富集作用，有致癌性，对人体功能性器官有损害等。该类药物国外已经禁用。

（九）甲基睾丸酮、已烯雌粉。属于激素类药物。在水产动物体内的代谢较慢，极小的残留都可对人类造成危害。

甲基睾丸酮对妇女可能会引起类似早孕的反应及乳房胀、不规则出血等；大剂量应用影响肝脏功能；孕妇有女胎男性化和畸胎发生，容易引起新生儿溶血及黄疸。

已烯雌粉可引进恶心、呕吐、食欲不振、头痛反应，损害肝脏和肾脏；可引起子宫内膜过度增生，导致孕妇胎儿畸形。

（十）酒石酸锑钾。该药是一种毒性很大的药物，尤其是对心脏毒性大，能导致室性心动过速，早博，甚至发生急性心源性脑缺血综合症；该药还可使肝转氨酶升高，肝肿大，出现黄疸，并发展成中毒性肝炎。该药在国外已被禁用。

（十一）喹乙醇。主要作为一种化学促生长剂在水产动物饲料中添加，它的抗菌作用是次要的。由于此药的长期添加，已发现对水产养殖动物的肝、肾能造成很大的破坏，引起水产养殖动物肝脏肿大、腹水，造成水产动物的死亡。如果长期使用该类药，则会造成耐药性，导致肠球菌广为流行，严重危害人类健康。欧盟等禁用。

附表 6　海水养殖水质要求

序号	项目	标准值
1	色、臭、味	海水养殖水体不得有异色、异臭、异味
2	大肠菌群/(个·升$^{-1}$)	≤5 000，供人生食的贝类养殖水质≤500
3	粪大肠菌群/(个·升$^{-1}$)	≤2 000，供人生食的贝类养殖水质≤140
4	汞/(毫克·升$^{-1}$)	≤0. 000 2
5	镉/(毫克·升$^{-1}$)	≤0. 005
6	铅/(毫克·升$^{-1}$)	≤0. 05
7	六价铬/(毫克·升$^{-1}$)	≤0. 01
8	总铬/(毫克·升$^{-1}$)	≤0. 1
9	砷/(毫克·升$^{-1}$)	≤0. 03
10	铜/(毫克·升$^{-1}$)	≤0. 01
11	锌/(毫克·升$^{-1}$)	≤0. 1
12	硒/(毫克·升$^{-1}$)	≤0. 02
13	氰化物/(毫克·升$^{-1}$)	≤0. 005
14	挥发性酚/(毫克·升$^{-1}$)	≤0. 005
15	石油类/(毫克·升$^{-1}$)	≤0. 05
16	六六六/(毫克·升$^{-1}$)	≤0. 001
17	滴滴涕/(毫克·升$^{-1}$)	≤0. 000 05
18	马拉硫磷/(毫克·升$^{-1}$)	≤0. 000 5
19	甲基对硫磷/(毫克·升$^{-1}$)	≤0. 000 5
20	乐果/(毫克·升$^{-1}$)	≤0. 1
21	多氯联苯/(毫克·升$^{-1}$)	≤0. 000 02

资料来源：中华人民共和国农业行业标准《无公害食品　海水养殖用水水质》NY 5052—2001。

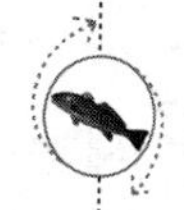

五、海水盐度、相对密度换算表

附表7　海水17.5℃时，海水盐度与相对密度的相互关系

盐度	比重	盐度	比重	盐度	比重	盐度	比重
1.84	1.001 4	5.70	1.004 4	9.63	1.007 4	13.57	1.010 4
1.91	1.001 5	5.83	1.004 5	9.76	1.007 5	13.70	1.010 5
2.03	1.001 6	5.96	1.004 6	9.89	1.007 6	13.84	1.010 6
2.17	1.001 7	6.09	1.004 7	10.03	1.007 7	13.96	1.010 7
2.30	1.001 8	6.22	1.004 8	10.16	1.007 8	14.09	1.010 8
2.43	1.001 9	6.36	1.004 9	10.28	1.007 9	14.23	1.010 9
2.56	1.002 0	6.49	1.005 0	10.42	1.008 0	14.36	1.011 0
2.69	1.002 1	6.62	1.005 1	10.55	1.008 1	14.49	1.011 1
2.83	1.002 2	6.74	1.005 2	10.68	1.008 2	14.61	1.011 2
2.95	1.002 3	6.88	1.005 3	10.81	1.008 3	14.75	1.011 3
3.08	1.002 4	7.01	1.005 4	10.94	1.008 4	14.89	1.011 4
3.21	1.002 5	7.14	1.005 5	11.08	1.008 5	15.01	1.011 5
3.35	1.002 6	7.27	1.005 6	11.20	1.008 6	15.15	1.011 6
3.48	1.002 7	7.40	1.005 7	11.34	1.008 7	15.28	1.011 7
3.60	1.002 8	7.54	1.005 8	11.47	1.008 8	15.41	1.011 8
3.73	1.002 9	7.67	1.005 9	11.60	1.008 9	15.53	1.011 9
3.87	1.003 0	7.79	1.006 0	11.73	1.009 0	15.67	1.012 0
4.00	1.003 1	7.93	1.006 1	11.86	1.009 1	15.81	1.012 1
4.13	1.003 2	8.06	1.006 2	12.00	1.009 2	15.93	1.012 2
4.26	1.003 3	8.19	1.006 3	12.12	1.009 3	16.07	1.012 3
4.40	1.003 4	8.31	1.006 4	12.26	1.009 4	16.20	1.012 4
4.52	1.003 5	8.45	1.006 5	12.39	1.009 5	16.33	1.012 5
4.65	1.003 6	8.59	1.006 6	12.52	1.009 6	16.46	1.012 6
4.78	1.003 7	8.71	1.006 7	12.65	1.009 7	16.59	1.012 7
4.92	1.003 8	8.84	1.006 8	12.78	1.009 8	16.73	1.012 8
5.05	1.003 9	8.97	1.006 9	12.92	1.009 9	16.85	1.012 9
5.17	1.004 0	9.11	1.007 0	13.04	1.010 0	16.98	1.013 0
5.31	1.004 1	9.24	1.007 1	13.17	1.010 1	17.12	1.013 1
5.44	1.004 2	9.37	1.007 2	13.31	1.010 2	17.25	1.013 2
5.57	1.004 3	9.51	1.007 3	13.44	1.010 3	17.38	1.013 3

续表

盐度	比重	盐度	比重	盐度	比重	盐度	比重
17. 51	1. 013 4	21. 72	1. 016 6	25. 91	1. 019 8	30. 12	1. 023 0
17. 65	1. 013 5	21. 85	1. 016 7	26. 05	1. 019 9	30. 25	1. 023 1
17. 77	1. 013 6	21. 98	1. 016 8	26. 18	1. 020 0	30. 37	1. 023 2
17. 90	1. 013 7	22. 11	1. 016 9	26. 31	1. 020 1	30. 51	1. 023 3
18. 04	1. 013 8	22. 25	1. 017 0	26. 45	1. 020 2	30. 64	1. 023 4
18. 17	1. 013 9	22. 38	1. 017 1	26. 58	1. 020 3	30. 77	1. 023 5
18. 30	1. 014 0	22. 50	1. 017 2	26. 71	1. 020 4	30. 90	1. 023 6
18. 43	1. 014 1	22. 64	1. 017 3	26. 83	1. 020 5	31. 03	1. 023 7
18. 57	1. 014 2	22. 77	1. 017 4	26. 97	1. 020 6	31. 17	1. 023 8
18. 69	1. 014 3	22. 90	1. 017 5	27. 11	1. 020 7	31. 29	1. 023 9
18. 82	1. 014 4	23. 03	1. 017 6	27. 23	1. 020 8	31. 43	1. 024 0
18. 96	1. 014 5	23. 16	1. 017 7	27. 36	1. 020 9	31. 56	1. 024 1
19. 09	1. 014 6	23. 30	1. 017 8	27. 49	1. 021 0	31. 69	1. 024 2
19. 22	1. 014 7	23. 42	1. 017 9	27. 63	1. 021 1	31. 82	1. 024 3
19. 35	1. 014 8	23. 56	1. 018 0	27. 75	1. 021 2	31. 94	1. 024 4
19. 49	1. 014 9	23. 69	1. 018 1	27. 89	1. 021 3	32. 09	1. 024 5
19. 61	1. 015 0	23. 82	1. 018 2	28. 03	1. 021 4	32. 21	1. 024 6
19. 74	1. 015 1	23. 95	1. 018 3	28. 15	1. 021 5	32. 34	1. 024 7
19. 88	1. 015 2	24. 08	1. 018 4	28. 28	1. 021 6	32. 47	1. 024 8
20. 01	1. 015 3	24. 22	1. 018 5	28. 41	1. 021 7	32. 60	1. 024 9
20. 14	1. 015 4	24. 34	1. 018 6	28. 55	1. 021 8	32. 74	1. 025 0
20. 27	1. 015 5	24. 47	1. 018 7	28. 68	1. 021 9	32. 86	1. 025 1
20. 41	1. 015 6	24. 61	1. 018 8	28. 80	1. 022 0	32. 99	1. 025 2
20. 53	1. 015 7	24. 74	1. 018 9	28. 94	1. 022 1	33. 13	1. 025 3
20. 66	1. 015 8	24. 87	1. 019 0	29. 07	1. 022 2	33. 26	1. 025 4
20. 80	1. 015 9	25. 00	1. 019 1	29. 20	1. 022 3	33. 39	1. 025 5
20. 93	1. 016 0	25. 14	1. 019 2	29. 33	1. 022 4	33. 51	1. 025 6
21. 06	1. 016 1	25. 26	1. 019 3	29. 46	1. 022 5	33. 65	1. 025 7
21. 19	1. 016 2	25. 39	1. 019 4	29. 60	1. 022 6	33. 78	1. 025 8
21. 33	1. 016 3	25. 53	1. 019 5	29. 72	1. 022 7	33. 91	1. 025 9
21. 46	1. 016 4	25. 66	1. 019 6	29. 85	1. 022 8	34. 04	1. 026 0
21. 58	1. 016 5	25. 79	1. 019 7	29. 98	1. 022 9	34. 17	1. 026 1

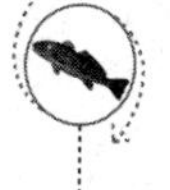

续表

盐度	比重	盐度	比重	盐度	比重	盐度	比重
34.31	1.026 2	36.13	1.027 6	37.95	1.029 0	39.78	1.030 4
34.43	1.026 3	36.26	1.027 7	38.08	1.029 1	39.90	1.030 5
34.56	1.026 4	36.39	1.027 8	38.22	1.029 2	40.04	1.030 6
34.70	1.026 5	36.52	1.027 9	38.35	1.029 3	40.17	1.030 7
34.83	1.026 6	36.65	1.028 0	38.48	1.029 4	40.30	1.030 8
34.96	1.026 7	36.78	1.028 1	38.60	1.029 5	40.43	1.030 9
35.08	1.026 8	36.91	1.028 2	38.73	1.029 6	40.53	1.031 0
35.21	1.026 9	37.04	1.028 3	38.87	1.029 7	40.68	1.031 1
35.35	1.027 0	37.18	1.028 4	39.00	1.029 8	40.81	1.031 2
35.48	1.027 1	37.30	1.028 5	39.13	1.029 9	40.95	1.031 3
35.61	1.027 2	37.43	1.028 6	39.25	1.023 0	41.08	1.031 4
35.73	1.027 3	37.56	1.028 7	39.38	1.023 1	41.20	1.031 5
35.87	1.027 4	37.69	1.028 8	39.52	1.023 2	41.33	1.031 6

六、常见计量单位换算表

长度：

1 千米（公里）=1 000 米（km）

1 米（公尺）=100 厘米（cm）

1 厘米=10 毫米（mm）

1 毫米=1 000 微米（μm）

1 市尺* =1/3 米

1 市寸* =3.331 厘米

1 英寸* =2.54 厘米

面积：

1 公顷（ha）=100 公亩（a）=15 亩*

1 公亩（a）=100 平方米（m^2）

1 平方米（m^2） =10 000 平方厘米（厘米^2）

1 亩* =666.67 平方米（m^2）

体积（容积）：

1 立方米（m^3） =1 000 000 立方厘米（厘米^3）

1 立方厘米（厘米^3） =1 000 立方毫米（毫米^3）

1 升（1） =1 000 立方厘米（厘米^3） =1 000 毫升（mL）

1 毫升（mL） =1 000 微升（μL）

重量：

1 吨（t） =1 000 千克（公斤，kg）

1 千克（kg） =1 000 克（g）

1 克（g） =1 000 毫克（mg）

1 毫克（mg） =1 000 微克（μg）

1 微克（μg） =1 000 毫微克（mμg 或 ng）

1 毫微克（mμg 或 ng） =1 000 微微克（pg）

* 为非法定计量单位。

mg　微克（milligram）

ng　毫微克（nanogram）

pg　微微克（picogram）

根据英华大辞典：

pico　微微 10^{-12}

nano　毫微 10^{-9}

micro 微　10^{-6}

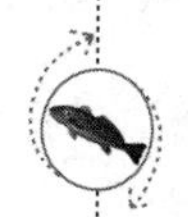

七、海洋潮汐简易计算方法

从事海水养殖，必须掌握潮汐涨落时间，使鱼、虾养殖池能及

时进、排水，可利用“八分算潮法”近似算出。“八分算潮法”只要知道当地的高潮间隙和低潮间隙，就可以算出任何一天的高、低潮时间。高潮间隙与低潮间隙可在当地水文气象站查知。

“八分算潮法”的计算公式如下：

上半月高潮时 =（农历日期 - 1）×0.8 + 高潮间隙

下半月高潮时 =（农历日期 - 16）×0.8 + 高潮间隙

低潮时 = 高潮时 ±6.12（适用于海潮）

江潮或受河流影响的内湾的低潮时可用下面公式计算：

上半月低潮时 =（农历日期 - 1）×0.8 + 低潮间隙

下半月低潮时 =（农历日期 - 16）×0.8 + 低潮间隙

计算出的高潮时或低潮时 ±12.24 就可以得出当天另一次高潮或低潮时间。

参考文献

蔡良候，叶金聪，郑镇安，等．1997．鲻鱼人工繁殖研究．台湾海峡，16（2）：223－228.
陈毕生．敌百虫毒性对鲻鱼的影响．1989．南海水产研究文集（第一辑）．广州：广东科技出版社，27－32.
陈培基，李来好，杨贤庆，等．2003．调味烤鲻鱼片的加工工艺的研究．浙江海洋学院学报（自然科学版），22（2）：114－117.
陈秀男．1994．全雌性乌鱼养殖．台大鱼推，（3）：7－12.
成庆泰，郑葆珊．1987．中国鱼类系统检索．北京：科学出版社.
费鸿年，吴琴瑟，郑修信．1979．鲻鱼的生殖习性和孵化．梭鱼鲻鱼研究文集，北京：农业出版社，90－94.
费鸿年，郑修信．1979．鲻鱼食性的初步研究．梭鱼鲻鱼研究文集，北京：农业出版社，96－107.
葛国昌．1990．海水鱼类增养殖学．青岛：青岛海洋大学出版社.
广东省水产养殖公司，广东省水产学会．广东省水产厅养殖处编，1982．海水养殖技术手册．广州：广东科技出版社，150－157.
郭仁杰．2002．乌鱼繁养殖技术浅论—上．养鱼世界，（3）：36－50.
郭仁杰．2002．乌鱼繁养殖技术浅论—下．养鱼世界，（4）：66－72.
李加儿，区又君．2003．鲻鱼苗种繁育规模化中间试验．//王清印主编，海水健康养殖的理论与实践，北京：海洋出版社，218－227.
李加儿，区又君，丁彦文，等．1998．池塘养殖条件下鲻鱼的繁殖生物学特性．南方十省（区）水产学会第十四次学术研讨会论文选编，63－70.
李加儿，区又君，丁彦文，等．1998．广东池养鲻鱼的繁殖生物学．中国水产科学，5（3）：38－42.
李加儿，区又君，王仕宏，等．1996．珠江口东岸池养鲻鱼的年龄与生长．热带海洋，15（4）：31－37.
李加儿，区又君．2002．用 LHRH－A_2 埋植法诱导池养鲻鱼卵母细胞发育

成熟的试验. 热带海洋学报, 21 (1): 83 - 86.

李来好, 陈培基, 杨贤庆. 2000. 鲻鱼的解剖学特征及营养成分分析. 南海水产研究, (20): 15 - 18.

李明德, 王秀玲, 吕宪禹. 1997. 梭鱼. 北京: 海洋出版社.

李乾寿. 1963. 乌鱼加工调查报告. 中国水产, (123): 6 - 8.

廖一久. 1977. 简介台湾之乌鱼人工繁殖试验. 台湾省水产试验所东港分所研究报告丛书. (3): 95 - 108.

林黑着, 江琦, 黄剑南, 等. 1998. 鲻鱼配合饲料适宜蛋白含量及蛋白能量比的初步研究. 上海水产大学学报, 7 (3): 177 - 192.

林黑着, 江琦, 石红, 等. 2001. 盐度对鲻鱼表观消化率的影响. 浙江海洋学院学报 (自然科学版), 20 (增刊): 80 - 82.

林黑着, 江琦, 石红, 等. 1997. 鲻鱼对八种饲料原料蛋白质、氨基酸和总能的表观消化率. 中国水产学会水产动物营养与饲料研究会论文集 (第一集), 北京: 海洋出版社, 79 - 86.

林黑着, 江琦, 石红, 等. 1997. 鲻鱼肌肉和配合饲料营养成分的比较分析. 南海水产研究, (14): 22 - 26.

陆忠康. 1985. 我国台湾省鲻鱼人工繁殖技术概述. 福建水产, (2): 64 - 71.

陆忠康. 1984. 鲻鱼人工繁殖技术概述. 福建水产, (2): 55 - 61.

麦贤杰, 黄伟健, 叶富良, 等. 2005. 海水鱼类繁殖生物学和人工繁育. 北京: 海洋出版社.

孟庆显. 1996. 海水养殖动物病害学. 北京: 中国农业出版社.

彭士明, 施兆鸿, 陈超. 2008. 鲻、梭鱼类营养与环境因子方面的研究现状及展望. 海洋渔业, 30 (4): 356 - 362.

邱丽华, 吴进锋, 张汉华, 等. 2000. 海水池塘鲻鱼、斑节对虾混养的初步研究. 湛江海洋大学学报, 20 (4): 69 - 71.

区又君, 李加儿. 1998. 人工培育条件下鲻鱼早期发育的生理生态研究. 热带海洋, 17 (4): 29 - 39.

区又君, 李加儿. 1997. 鲻鱼胚胎和卵黄囊期仔鱼的发育与营养研究. 海洋学报 (中文版) 19 (3): 90 - 98.

区又君, 李加儿. 1996. 鲻鱼亲鱼活体运输试验. 海洋渔业, 18 (1): 8 - 12.

区又君．2008．鲻鱼人工繁殖技术．海洋与渔业，（6）：30－31.

上海水产学院主编．1982．鱼类学与海水鱼类养殖．北京：农业出版社，355－457.

施兆鸿，彭士明，侯俊利．2010．我国鲻、梭鱼类资源开发及其生态养殖前景的探讨．渔业科学进展，31（2）：120－125.

宋青春．2010．水产动物营养与配合饲料学．北京：中国农业大学出版社．

梭鱼鲻鱼研究文集征集组．1979．梭鱼鲻鱼研究文集．北京：农业出版社．

王红勇，吴洪流，赖秋明，等．2003．南美白对虾与鲻鱼混养试验．渔业现代化，（5）：26.

吴成龙，孔晓瑜，史成银．2007．鱼类细胞肿大虹彩病毒病研究进展．动物医学进展，28（3）：70－74.

吴进锋，张丹．1990．鲻鱼、黄鳍鲷混养技术的研究．中国水产科学研究院南海水产研究所（研究报告）．

吴琴瑟．1990．鲻鱼养殖．北京：农业出版社．

吴燕燕，李来好，陈培基，等．2002．软包装即食食品—鲻鱼皮加工工艺．湛江海洋大学学报，22（4）：42－46.

萧荣炎．1954．乌鱼子之化学成分．中国水产，（17）：18－20.

叶金聪，蔡良候，温凭，等．1997．鲻鱼仔、稚鱼轮虫日摄食量的研究．福建水产，（2）：1－5.

叶金聪，蔡良候，林向阳，等．2003．营养强化的轮虫在鲻鱼育苗中的效用．台湾海峡，22（1）：53－58.

张邦杰，梁仁杰，毛大宁，等．1998．珠江口鲻的池养生长与饲养．珠江水产，（3）：1－7.

张其永，李福振，杜金瑞．1981．厦门杏林湾鲻鱼的年龄与生长．水产学报，5（2）：121－131.

郑镇安，蔡良候，施泽博，等．1986．鲻鱼人工繁殖及育苗技术的研究（摘要）．福建水产，（4）：91.

中国淡水养鱼经验总结委员会．1961．中国淡水鱼类养殖学．北京：科学出版社，219－238.

中国科学院动物研究所，中国科学院海洋研究所，上海水产学院主编．1962．南海鱼类志．北京：科学出版社，256－263.

中国水产科学研究院. 2008. 淡水池塘养殖场规范化建设技术手册.

周文坚. 1991. 鲻鱼 *Mugil cephalus* Linnaeus 对蛋白质的营养需求. 现代渔业信息, 6 (9): 18 - 22.

朱长波, 郭永坚, 颉晓勇, 等. 2014. 凡纳滨对虾 - 鲻网围分隔混养模式下经济与生态效益评价. 南方水产科学, 10 (4): 1 - 8.

Argyropoul V, Kalogeropoulos N, AlexisL M N. 1992. Effect of dietary lipids on growth and tissue fatty acid composition of grey mullet (*Mugil cephalus*). Comparative Biochemistry and Physiology Part A, (101): 129 - 135.

Assef E A, Elmasrym H, Mikhailf R. 2001. Growth enhancement and muscle structure of striped mullet, *Mugil cephalus* L., fingerlings by feeding algal meal - based diets. Aquaculture Research, 32 (Suppl. 1): 315 - 322.

Biswas G, De Debasis , Thirunavukkarasu A R, et al. 2012. Effects of stocking density, feeding, fertilization and combined fertilization - feeding on the performances of striped grey mullet (*Mugil cephalus* L.) fingerlings in brackishwater pond rearing systems. Aquaculture, 338 - 341: 284 - 292.

Chen Q M. 1980. 维生素 E 对养殖鲻鱼 (*Mugil cephalus* L.) 脂肪酸酸组成及生殖腺变化之影响。台湾国立海洋大学水产养殖研究所 (硕士学位论文).

De Silva S S. 1980. Biology of juvenile grey mullet: a short review. Aquaculture, 19: 21 - 36.

De Silva S S, Perera P A B. 1976. Studies on the young grey mullet, *Mugil cephelus* L, I. Effect of salinity on food intake, growth and food conversion. Aquaculture, 7: 327 - 338.

De Silva S S, Wijeyaratne M J S. 1977. Studies on the biology of young mellet *Mugil cephelus* L, Aquaculture, 12: 157 - 167.

Liao I C (Eds.) Finfish hatcheries in Asia: Proceedings of finfish hatcheries in Asia'91. TML conference proceediings 3: 1 - 25.

Kuo C M, Nash C E, Shehadeh Z E. 1973. The grey mullet (*Mugil cephalus*), induced breeding and larval rearing research 1972 - 1973 Vol Ⅱ. Hawaii: Oceanic Institute.

Kuo C M, Nash C E, Shehadeh Z E. 1973. The grey mullet (*Mugil cephalus*), induced breeding and larval rearing research 1972 - 1973 Vol Ⅱ. Hawaii:

Oceanic Institute.

Liu K K M, Kelly D K. 1996. The Oceanic Institute hatchery manual series: stripped mullet (*Mugil cephalus*).

Luzzana U, Valfreal F, Mangiarotf M, et a1. 2005. Evaluation of different protein sources in fingerling grey mullet *Mugil cephalus* practical diets. Aquaculture International, (13): 291 - 303.

Nash C E, Shehadeh Z H. 1980. Review of breeding and propagation techniques for grey mullet, *Mugil cephalus* L. ICLARM studies and reviews 3.

Nour A E A, Mabrouk H, Omar E, et al. 1995. Effect of feeding levels and stocking densities on growth performance and utilization of grey mullet (*Mugil cephalus*). Aquac Abst, 12 (6): 2962.

Oren O H. 1982. Aquaculture of grey mullet. Cambridge University Press.

Ou Youjun, Li Jiaer. 1999. Studies on the biological characteristics of early development of grey mullet, *Mugil cephalus* Linnaeus in hatchery. South China Sea Fisheries Research (18): 54 - 59.

海洋出版社水产养殖类图书书目

书名	作者
水产养殖新技术推广指导用书	
卵形鲳鲹 花鲈 军曹鱼 黄鳍鲷 美国红鱼高效生态养殖新技术	区文君 李加儿 江世贵 麦贤杰 张建生
鲻鱼高效生态养殖新技术	李加儿 区文君 江世贵 麦贤杰 张建生
石斑鱼高效养殖实用新技术	王云新 张海发
罗非鱼高效生态养殖新技术	姚国成 叶 卫
水生动物疾病与安全用药手册	李 清
鳗鲡高效生态养殖新技术	王奇欣
淡水珍珠高效生态养殖新技术	李家乐 李应森
全国水产养殖主推技术	钱银龙
全国水产养殖主推品种	钱银龙
小水体养殖	赵 刚 周 剑 林 珏
扇贝高效生态养殖新技术	杨爱国 王春生 林建国
青虾高效生态养殖新技术	龚培培 邹宏海
河蟹高效生态养殖新技术	周 刚 周 军
淡水小龙虾高效生态养殖新技术	唐建清 周凤健
南美白对虾高效生态养殖新技术	李卓佳
黄鳝、泥鳅高效生态养殖新技术	马达文
咸淡水名优鱼类健康养殖实用技术	黄年华 庄世鹏 赵秋龙 翁 雄 许冠良
海水名特优鱼类健康养殖实用技术	庄世鹏 赵秋龙 黄年华 翁 雄 许冠良
鲟鱼高效生态养殖新技术	杨德国
乌鳢高效生态养殖新技术	肖光明
海水蟹类高效生态养殖新技术	归从时
翘嘴鲌高效生态养殖新技术	马达文
日本对虾高效生态养殖新技术	翁 雄 宋盛宪 何建国
斑点叉尾鮰高效生态养殖新技术	马达文
水产养殖系列丛书	
金鱼	刘雅丹 白 明
龙鱼	刘雅丹 白 明
锦鲤	刘雅丹 白 明
龙鱼	刘雅丹 白 明
锦鲤	刘雅丹 白 明
七彩神仙鱼	刘雅丹 白 明
海水观赏鱼	刘雅丹 白 明
七彩神仙鱼	刘雅丹 白 明
家养淡水观赏鱼	馨水族工作室
家庭水族箱	馨水族工作室
中国龟鳖产业核心技术图谱	章 剑
海参健康养殖技术（第2版）	于东祥
渔业技术与健康养殖	郑永允
小黄鱼种群生物学与渔业管理	林龙山 高天翔
大口黑鲈遗传育种	白俊杰 等

书　名	作　者
海水养殖科技创新与发展	王清印
南美白对虾高效养成新技术与实例	李　生 朱旺明 周　萌
水产学学科发展现状及发展方向研究报告	唐启升
斑节对虾种虾繁育技术	江世贵 杨丛海 周发林 黄建华
鱼类及其他水生动物细菌：实用鉴定指南	Nicky B. Buller
锦绣龙虾生物学和人工养殖技术研究	梁华芳 何建国
刺参养殖生物学新进展	王吉桥 田相利
龟鳖病害防治黄金手册（第2版）	章　剑
人工鱼礁关键技术研究与示范	贾晓平
水产经济动物增养殖学	李明云
水产养殖学专业生物学基础课程实验	石耀华
水生动物珍品暂养及保活运输技术	储张杰
河蟹高效生态养殖问答与图解	李应森 王　武
淡水小龙虾高效养殖技术图解与实例	陈昌福 陈　萱
对虾健康养殖问答（第2版）	徐实怀 宋盛宪
淡水养殖鱼类疾病与防治手册	陈昌福 陈　萱
海水养殖鱼类疾病与防治手册	战文斌 绳秀珍
龟鳖高效养殖技术图解与实例	章　剑
饲料用虫养殖新技术与高效应用实例	王太新
石蛙高效养殖新技术与实例	徐鹏飞 叶再圆
泥鳅高效养殖技术图解与实例	王太新
黄鳝高效养殖技术图解与实例	王太新
鲍健康养殖实用新技术	李　霞 王　琦
鲑鳟、鲟鱼健康养殖实用新技术	毛洪顺
淡水小龙虾（克氏原螯虾）健康养殖实用新技术	梁宗林 孙　骥
泥鳅养殖致富新技术与实例	王太新
对虾健康养殖实用新技术	宋盛宪 李色东 翁　雄 陈　丹 黄年华
香鱼健康养殖实用新技术	李明云
淡水优良新品种健康养殖大全	付佩胜
常见水产品实用图谱	邹国华
河蟹健康养殖实用新技术	郑忠明 李晓东 陆开宏
罗非鱼健康养殖实用新技术	朱华平 卢迈新 黄樟翰
王太新黄鳝养殖100问	中国水产学会
黄鳝养殖致富新技术与实例	王太新
鱼粉加工技术与装备	郭建平 等
海水工厂化高效养殖体系构建工程技术	曲克明 杜守恩
渔业行政管理学	刘新山
斑节对虾养殖（第二版）	宗盛宪
名优水产品种疾病防治新技术	蔡焰值
抗风浪深水网箱养殖实用技术	杨星星 等
拉汉藻类名称	施　浒
东海经济虾蟹类	宋海棠 等